창의 공학 설계 입문

Creative Engineering Design

박승규 지음

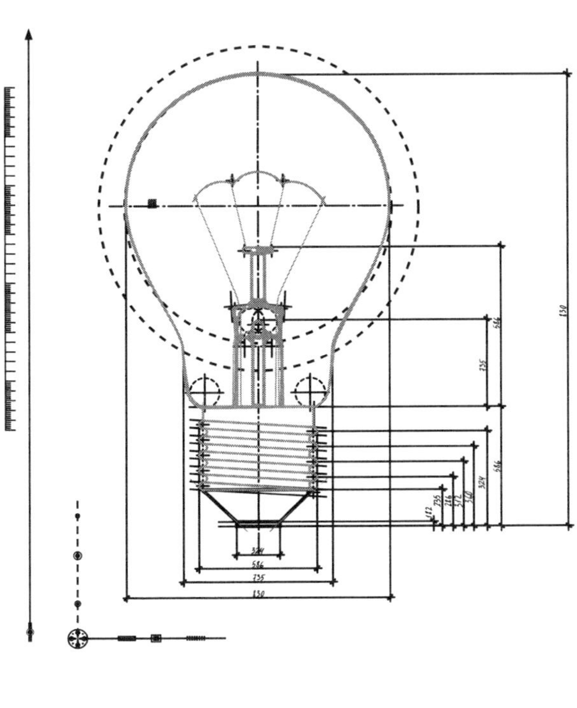

자유아카데미

머리말

21세기를 살아가는 우리에게 요구되는 가장 본질적인 역량은 무엇일까요? 빠르게 변화하는 기술, 복잡하게 얽힌 사회 문제, 인공지능과 데이터가 넘실대는 세상 속에서, 단순한 지식의 축적만으로는 더 이상 경쟁력을 가질 수 없습니다. 이제는 문제를 새롭게 정의하고, 다양한 관점에서 접근하며, 창의적인 방식으로 해결책을 제시할 수 있는 역량이 필요합니다. 바로 '창의적 문제해결력'입니다.

『창의 공학 설계 입문』은 이러한 시대적 요구에 부응하여 공과대학에 입학한 여러분이 공학과 설계의 본질을 이해하고, 창의적으로 생각하고 협업하며 문제를 해결하는 힘을 기를 수 있도록 설계되었습니다.

이 교재는 단순히 설계 도구나 기술적 방법론만을 다루는 것이 아닙니다. 아이디어를 유창하고 유연하게 떠올리는 훈련, 팀 프로젝트를 통해 소통하고 협력하는 능력, 개방형 문제에 도전하며 실질적인 해결안을 찾아가는 과정, 나아가 실생활의 문제를 공학적으로 바라보는 시각을 함께 담고 있습니다.

여러분은 이 책을 통해 공학적 사고의 기초를 익히는 동시에, 나만의 독창적인 생각을 설계로 구현해 나가는 경험을 하게 될 것입니다. 설계는 정답이 있는 과정이 아니라, 수많은 가능성 중에서 최적의 해답을 탐색하는 여정입니다. 실패를 두려워하지 말고, 다양한 아이디어를 시도해 보십시오. 협업 속에서 타인의 생각을 경청하고, 내 생각을 설득력 있게 표현해 보십시오.

좋은 책을 만들기 위해 최선을 다했지만 미흡한 부분이 있을 수 있습니다. 이 점은 양해를 바라며, 출간 후 나올 수 있는 수정사항 등은 자유아카데미 홈페이지(www.freeaca.com) 자료실에 제공할 예정이니 참고 바랍니다.

끝으로, 『창의 공학 설계 입문』은 여러분이 공학도에서 진정한 문제해결자로 성장하는 여정의 첫걸음입니다. 지금 이 책의 첫 장을 넘기는 순간부터, 여러분의 창의적 여정이 시작됩니다. 세상을 바꿀 아이디어가, 바로 여러분의 손끝에서 태어나기를 기대합니다.

2025년 여름

박 승 규

차례

1장

창의 공학 설계 입문 안내

1. 창의 공학 설계란 무엇인가?
2. 공학교육 인증제도와 창의 설계
3. 공학과 공학자
4. 공학적 창의력으로 세상을 바꾼 15가지 유명 특허

1. 창의 공학 설계란 무엇인가?

이 교과목은 '창의 공학 설계 입문'이라는 이름 그대로, 공학과 설계의 본질을 이해하고, 창의적인 문제 해결 역량을 기르는 첫걸음입니다. 먼저 공학이란 무엇이고, 설계란 무엇이며, 왜 공학 설계가 중요한지를 간단히 살펴보겠습니다.

공학은 과학적 원리와 수학, 기술을 바탕으로 인간의 삶에 유용한 시스템이나 제품을 설계하고 구현하는 학문입니다. 이 과정에서 공학자는 다양한 조건과 제약을 고려하여 실현할 수 있는 해결책을 도출해야 합니다. 이러한 활동의 중심에는 바로 '설계'가 있습니다.

오늘날 대부분의 공과대학은 공학교육의 체계성과 품질을 확보하기 위해 공학교육인증제도(ABEEK)를 도입하고 있으며, 이는 우리나라 공학교육인증원에서 운영하는 KEC 2015(한국 공학교육 인증 기준) 프로세스를 따릅니다. 이 제도는 학생들이 졸업 후 곧바로 실무에 투입될 수 있도록 실질적 역량을 갖춘 엔지니어를 양성하는 것을 목표로 합니다.

과거에는 대학에서 이론 위주의 교육을 받고도 실제 기업 현장에서 다시 교육을 받아야 했지만, 공학교육 인증을 받은 프로그램을 이수한 졸업생은 이러한 격차를 줄일 수 있도록 설계되어 있습니다. KEC 2015는 이를 위한 표준 교육체계를 제공하며, 이 교과목은 그 출발점에 해당합니다.

본 수업에서는 다음의 내용을 중심으로 학습하게 됩니다.

- 공학과 공학자의 역할
- 공학교육 인증의 목적과 구성
- 공학 설계 교육의 구조와 목표
- 창의 공학 설계 입문의 교육 방향

2. 공학교육 인증제도와 창의 설계

공학교육 인증제도는 공학 실무에 필요한 핵심 역량을 갖춘 졸업생을 양성하기 위해 마련된 시스템입니다. KEC 2015 기준에 따르면, 인증 프로그램은 다음과 같은 요건을 갖추어야 합니다.

- MSC 교과목(수학, 기초과학, 전산학): 최소 30학점
- 공학 주제 교과목(설계 및 실험 포함): 최소 54학점
- 설계 교과목: 기초 설계 → 요소 설계 → 종합 설계 순으로 구성

'창의 공학 설계 입문'은 이 중 기초 설계 단계로, 이후 전공과목에서 수행하게 될 요소 설계, 최종 졸업 전의 종합 설계(창의적 종합 설계)를 위한 기반을 마련해 줍니다.

> '캡스톤(Capstone)'은 건축물의 가장 꼭대기에 놓인 장식돌을 뜻하며, 대학 교육의 완결을 상징합니다. 따라서 '캡스톤디자인'은 졸업을 앞둔 학생이 실제 문제를 기획, 설계, 제작까지 경험하는 종합 설계 과목을 의미합니다.

공학교육 인증을 통해 졸업하는 학생은 다음의 10가지 학습성과(Program Outcomes)를 갖추게 됩니다.

1. 수학, 기초과학, 전산학 및 공학 지식을 문제 해결에 응용할 수 있다.
2. 데이터를 분석하고, 실험을 통해 가설을 검증할 수 있다.
3. 공학 문제를 정의하고 공식화할 수 있다.
4. 최신 정보와 도구를 활용하여 공학 문제를 해결할 수 있다.
5. 현실 제약조건을 고려한 시스템, 요소, 공정을 설계할 수 있다.
6. 팀의 일원으로서 프로젝트에 이바지할 수 있다.
7. 다양한 환경에서 효과적으로 의사소통할 수 있다.
8. 공학 활동이 사회, 환경, 경제, 안전 등에 미치는 영향을 이해할 수 있다.
9. 직업윤리와 사회적 책임을 인식할 수 있다.
10. 자기 주도적 학습 역량을 갖추고 지속적으로 발전할 수 있다.

이 교과목은 위의 역량 중 특히 다음을 중점적으로 개발합니다.

- 창의적 문제해결력
- 팀워크와 의사소통 능력
- 설계 사고와 기초 설계 수행력

1) 문제 중심 학습(PBL) 소개

본 교과목의 수업은 문제 중심 학습(Problem-Based Learning, PBL)이 운영됩니다. PBL은 단순한 강의식 수업이 아닌, 실제적이고 복잡한 문제를 중심으로 학습이 이루어지는 방법입니다.

PBL의 핵심은 "학습자가 문제 해결의 주체가 된다"라는 점입니다. 이를 통해 학생들은 다음과 같은 역량을 기를 수 있습니다.

- 창의적 사고
- 비판적 사고
- 협동 능력
- 자기 주도적 학습 태도

표 1-1. PBL의 일반적 절차

단계	내용
1단계. 문제 상황 도입	뉴스, 영상 등으로 현실적인 문제 상황 제시 **예** 특정 지역의 수질 오염 기사 소개
2단계. 문제 제시	학습자가 해결할 구체적인 문제 부여 **예** "공장 폐수의 COD 기준 초과 문제를 해결하라"
3단계. 문제 분석	알고 있는 것, 모르는 것, 알아야 할 것 정리
4단계. 문제 재정의	기존 지식을 토대로 문제를 재구성하고 아이디어 도출
5단계. 탐구 및 자료 수집	논문 검색, 전문가 인터뷰, 법규 조사 등
6단계. 자료 분석	수집된 정보를 정리·분석하고 가설 검토
7단계. 문제 종합	지식 공유 및 정보 정제, 보완 자료 확인
8단계. 문제 해결	해결책 도출 및 실행 계획 수립
9단계. 정리 및 평가	학습 결과를 자기·팀·동료 평가로 반영 **예** "가장 도전적이었던 점은?", "다음에 개선할 점은?"

이러한 과정에서 교사는 촉진자(Facilitator)의 역할을 하며, 학생 중심의 학습이 효과적으로 이루어지도록 돕습니다.

✅ 본 교재에서는 PBL을 효과적으로 적용하기 위한 교사의 태도, 기술, INSPIRE 모델 및 평가 전략 등을 함께 제시합니다.

2) 공학 설계 개요

(1) 개방형 문제란 무엇인가?

공학 문제는 정답이 하나뿐인 문제가 아니라, 다양한 해답이 가능한 개방형 문제(Open-ended Problem)라는 특징을 가지고 있습니다. 이 개념을 이해하기 위해 수업에서 종종 다음과 같은 질문을 던집니다. "얼음이 녹으면, 무엇이 될까요?"

처음에는 "물이 된다.", "액체가 된다."와 같은 과학적인 대답이 주로 나옵니다. 하지만 시간이 지나면 "봄이 된다.", "경기가 좋아진다."와 같이 창의적인 답변들도 등장합니다. 이처럼 개방형 문제는 하나의 정답만을 요구하지 않고, 다양한 관점과 사고를 수용합니다. 다만, 문제를 해결하기 위해서는 주어진 제한 조건(Constraints)을 잘 이해하고, 그 조건 안에서 창의적으로 해결책을 찾아야 합니다.

(2) 공학 설계란 무엇인가?

공학 설계(Engineering Design)는 바로 이러한 개방형 공학 문제를 해결하기 위한 일련의 창의적 문제 해결 과정입니다. 공학 설계에는 다음과 같은 요소들이 필수적으로 포함됩니다.

- 문제의 정의
- 창의적인 아이디어 도출 및 평가
- 현실적인 조건을 반영한 설계
- 효과적인 의사소통과 팀워크

공학 설계는 단순히 기술적인 문제만을 다루는 것이 아니라, 사회적, 윤리적, 경제적 요소까지 고려한 총체적 문제 해결 과정이라 할 수 있습니다.

3. 공학과 공학자

1) 공학이란 무엇인가?

공학(Engineering)은 인간의 삶을 더 안전하고 쾌적하게 향상하는 것을 목표로 하는 문제 해결의 학문입니다. 공학은 현실 속 다양한 문제를 과학적 원리를 바탕으로 해결하며, 그 방향은 다음과 같습니다.

- 더 안전하게
- 더 편리하게
- 더 효율적으로
- 더 경제적으로

공학 문제의 해결은 단순히 이론에 그치지 않고, 실제 세상에 변화를 만들어내는 창조적이고 생산적인 활동입니다.

2) 공학 문제 해결의 예시

공학이 다루는 문제는 매우 다양합니다. 예를 들어,

- 신제품 또는 신공정 개발
- 생산의 효율성 향상
- 운송의 편의성과 효율성 개선
- 유통 구조의 최적화로 경제성 향상
- 통신 시스템의 개선
- 환경친화적 기술 개발 및 적용

이 모든 활동은 공학적 문제 해결의 사례이며, 공학이 우리 사회에 실질적 이바지한다는 것을 보여줍니다.

3) 공학과 과학의 관계

공학이 문제를 해결하는 학문이라면, 과학(Science)은 자연의 원리와 법칙을 밝히는 학문입니다.

- 과학은 자연현상을 이해하고 이론을 정립합니다.
- 공학은 그 이론을 현실에 적용하여 실용적인 해결책을 만들어냅니다.

즉, 과학은 공학의 기초 학문이며, 공학은 과학적 지식을 바탕으로 실천하는 학문입니다.

4) 공학자의 역할

공학자는 공학 문제를 해결하는 전문가로서, 다음과 같은 능력과 자세가 요구됩니다.

- 문제 해결 능력: 드러난 문제뿐 아니라 잠재된 문제까지도 파악하고 해결책을 제시해야 함
- 창의력: 새로운 방식으로 문제를 바라보고 접근할 수 있어야 함
- 판단력과 예측력: 문제의 결과를 예측하고 결정할 수 있는 능력
- 팀워크: 현대의 공학 문제는 협업을 통해 해결되는 경우가 많음
- 도덕성: 공학적 판단은 사회에 영향을 미치므로 윤리적 책임감이 필요

요약하자면, 과학자는 '이해하는 사람', 공학자는 '실천하는 사람'입니다.

5) 변화하는 기업 환경과 공학자의 역량

과거 기업은 수직적 조직 구조(사장 – 이사 – 부장 – 과장 등)를 중심으로 운영되었습니다. 그러나 최근 기업들은 수평적 팀제 조직으로 변화하고 있으며, 이는 공학자의 역량에도 영향을 미칩니다.

- 패러다임 쉬프트(Paradigm Shift): 고정관념을 바꾸는 사고의 전환이 필요합니다.
- 이제는 상명하복형 인재보다 창의적 사고, 의사소통 능력, 리더십이 요구됩니다.

6) 21세기 공학도에게 요구되는 창의성

최근 많은 조사 결과에 따르면, 21세기 기업들이 공학도에게 가장 중요하게 요구하는 역량은 창의성입니다. 하지만 대부분 학생은 고등학교까지의 교육에서 창의성을 체계적으로 배운 적이 없습니다.

본 교재와 수업에서는 이러한 점을 고려하여, 학생들의 창의적 사고능력을 개발하는 데 초점을 맞출 것입니다.

이를 통해 문제 해결 중심의 공학 설계 능력뿐 아니라, 혁신적이고 실천적인 역량을 갖춘 공학도로 성장하는 기반을 다지고자 합니다.

생각해 볼 질문

1. 지금까지 경험한 문제 해결 중, '공학적 사고'가 적용된 사례는 있었나요?
2. 과학자와 공학자의 역할 차이를 나만의 언어로 설명해 볼 수 있나요?
3. 내가 팀제 조직에서 창의적으로 활동하려면 어떤 태도가 필요할까요?

4. 공학적 창의력으로 세상을 바꾼 15가지 유명 특허

[출처: 2022년 6월, 미국 기술 전문 잡지 *Popular Mechanics*]

오늘날 우리 사회를 구성하는 수많은 기술은 공학자들의 창의적 문제 해결 노력에서 비롯되었습니다. 여기 소개하는 15가지 발명은 모두 공학적 아이디어를 바탕으로 특허를 획득하고, 산업과 일상생활에 혁신을 가져온 사례들입니다. 이들은 모두 개념에서 현실로 발전한 대표적인 공학적 창조물이라 할 수 있습니다.

1) 자기부상열차 특허(1967, 미국 Brookhaven 국립연구소)

- 발명자: 제임스 포웰, 죠단 댄비
- 핵심 아이디어: 전자기 유도 서스펜션 시스템을 활용한 고속 부상열차
- 공학적 의의: 초전도체의 자기장을 이용하여 마찰 없이 고속 주행 가능

2) 아이폰 디자인 특허(2008, Apple)

- 발명자: 스티브 잡스 외 애플 팀
- 핵심 아이디어: 전화, 음악, 인터넷을 통합한 스마트 디바이스
- 공학적 의의: 휴대기기 UI/UX 혁신, 글로벌 스마트폰 시장 형성

3) 외골격 운동 보조장치 특허(2014, Re Walk Robotics)

- 핵심 아이디어: 마비 환자도 착용 후 걷고 계단 오를 수 있는 보조장치
- 공학적 의의: 로봇공학과 재활 의료의 융합 사례

4) 드론(무인항공기) 특허(1962, Aircraft 社)

- 발명자: 에드워드 밴더립
- 핵심 아이디어: 수직 이착륙이 가능한 원격 제어 헬리콥터 드론
- 공학적 의의: 군사용에서 민간 물류·촬영까지 활용 분야 확장

5) 3D 프린터 특허(1986, 3D Systems)

- 발명자: 척 헐
- 핵심 아이디어: 스테레오 리소그래피를 이용한 3차원 출력
- 공학적 의의: 제조공정의 혁신, 맞춤형 부품 제작 가능

6) 바이오닉 아이(시각 보조장치) 특허(2013)

- 기반 연구: 1968년 G.S. Brindley의 시각피질 자극 실험
- 핵심 아이디어: 망막 보철물을 통해 시각장애인의 부분 시력 회복
- 공학적 의의: 생체 전자공학 기술의 실질적 응용

7) GPS 시스템 특허(1974)

- 핵심 아이디어: 위성과 범위 측정 기반의 위치 탐색 시스템
- 공학적 의의: 항법 및 위치 기반 서비스의 핵심 기반 기술

8) CRISPR 유전자 편집 특허(2014, UC Berkeley)

- 핵심 아이디어: 특정 DNA를 정확히 잘라내고 편집하는 기술
- 공학적 의의: 생명공학 및 치료법 혁신의 기반

9) 브레인 임플란트(BMI/BCI) 특허(1993, 유타대학)

- 핵심 아이디어: 뇌와 기계(또는 컴퓨터) 간의 직접 통신
- 공학적 의의: 인간-기계 인터페이스 발전, 신경 재활 가능성 제시

10) 그래핀 특허(2004, 맨체스터대)

- 발명자: 안드레 게임, 콘스탄틴 노보셀로프
- 핵심 아이디어: 스카치테이프 방식으로 2D 그래핀 분리
- 공학적 의의: 차세대 전자소자, 강도와 전도성에서 우수한 특성

11) 블루투스 특허(1994 발명, 2006 특허 등록)

- 발명자: 자프 하르트센
- 핵심 아이디어: 무선 피어 투 피어 통신 방식
- 공학적 의의: 근거리 무선 통신 기술 보편화에 기여

12) 자율주행차 특허(1925~현재)

- 진화 과정: 무선 제어 → 반자율주행 → 완전자율주행
- 핵심 기업: 카네기멜런 대학교, 구글 웨이모, 테슬라 등
- 공학적 의의: AI, 센서, 제어 기술 융합의 총체

13) 태양광 패널 특허

- 발명: 1954년 벨 연구소, 실리콘 기반 태양전지
- 공학적 의의: 지속가능 에너지 시스템의 핵심

14) 마우스 특허(1967, 더글러스 엥겔바트)

- 핵심 아이디어: 물리적 커서를 이동시켜 GUI와 상호작용
- 공학적 의의: 인간-컴퓨터 상호작용 방식의 혁신

15) 전자책 단말기 특허(2004, 아마존 킨들)

- 핵심 아이디어: 전자잉크 디스플레이 기반 독서 단말기
- 공학적 의의: 출판과 독서 문화의 디지털화 촉진

이 특허들은 단순한 아이디어에 머물지 않고, 공학적 사고와 팀워크를 통해 실제 문제를 해결하며 인류의 삶을 바꾼 대표적 사례입니다. 공학적 창의력은 지금, 이 순간에도 우리 주변을 변화시키고 있습니다.

연습문제

1 객관식 21세기 공학 문제의 특징에 해당하지 않는 것은? (　　)

① 다양화
② 단답화
③ 세분화
④ 융·복합화

2 OX문제 공학자는 창의적인 아이디어를 실행에 옮겨 실용적인 결과를 도출해 낼 수 있어야 한다. (　　)

3 주관식 한국 공학교육 인증(ABEEK)에서 추구하는 설계 교육 과정은 기초 설계, 요소 설계 그리고 최종적으로 무엇을 진행하여야 하는가?

(　　　　　　　　　　　　　　　　　　　　　　　　　　　　　　)

2장

공학적 문제의 개념

1. 공학적 문제의 개념

1) 공학적 문제란?

공학적 문제는 인간의 삶을 보다 편리하고 안전하며, 효율적이고 경제적인 방향으로 개선하기 위해 해결해야 하는 문제를 말합니다. 예를 들어, 새로운 제품이나 공정을 개발하는 일, 생산 공정에서 생산성과 안전성을 동시에 개선하는 일, 운송 및 유통의 효율을 높이는 일, 통신 방법을 개선하거나 이를 통해 관리 체계를 혁신하는 일, 그리고 환경-친화적(eco-friendly) 공정을 개발하는 것 등이 모두 공학적 문제에 해당합니다.

공학에서 말하는 문제는 일반적인 문제와 달리 하나의 정답이 존재하지 않는 '개방형 문제(open-ended problem)'입니다. 이는 하나의 질문에 대해 다양한 해답과 접근 방식이 가능하다는 의미입니다. 예를 들어, "얼음이 녹으면?"이라는 질문에 대해 "봄이 온다.", "등산하러 간다.", "경기가 좋아진다." 등 여러 가지 답이 가능한 것처럼, 공학적 문제도 다양한 접근과 해결이 가능한 특성을 가집니다. 반면, "100km를 2시간에 간다면 평균 속도는 얼마인가?"와 같은 문제는 명확한 정답(50km/h)이 존재하는 수학적·과학적 문제로, 공학적 문제라 보기는 어렵습니다. 하지만 "아이가 자주 열쇠를 잃어버린다면 어떻게 해야 할까?"라는 질문은 공학적 문제로 볼 수 있습니다. 이 문제의 해결 방안은 사람마다 다를 수 있고, 다양한 아이디어가 제시될 수 있기 때문입니다. 공학 설계에서 다루는 문제는, 예를 들어 "아이들이 열쇠를 자주 잃어버립니다. 어떻게 하면 좋을까요?"와 같은 문제입니다. 이 경우, 디지털 도어락, 지문 인식, 홍채 인식, 음성 인식 등 다양한 해결책이 제시될 수 있습니다. 이처럼 문제 해결 방식과 최종 해결책이 다양하게 존재하고, 사용자의 환경이나 조건에 따라 달라질 수 있는 문제가 바로 공학적 문제입니다.

핵심은 문제를 단순히 '정답을 찾는 수학 문제'로 보는 것이 아니라, '미션을 수행해야 하는 설계 대상'으로 인식하는 것입니다. 공학에서 문제는 해결해야 할 일(task)이자, 도전 과제(mission)입니다. 따라서 공학적 문제는 '수행해야 할 과업'이라고 이해하는 것이 바람직합니다.

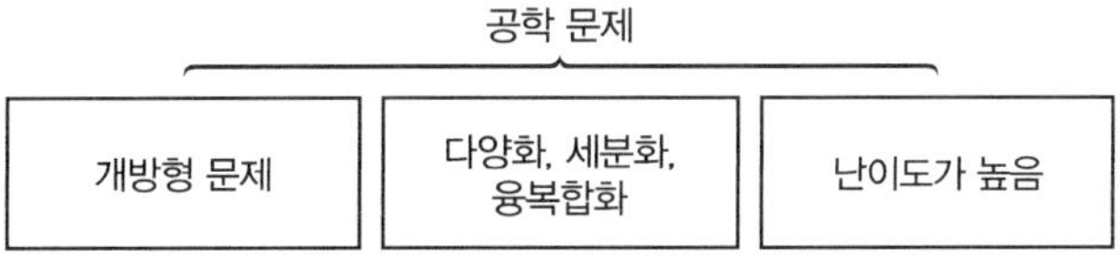

그림 2-1. 공학 문제 특징

표 2-1. 공학적 문제 개념

구분	설명	예시
정의	삶의 질 향상을 위한 편의성, 안전성, 효율성, 경제성 등의 개선 요구를 해결하는 문제	디지털 도어락 개발, 친환경 공정 설계 등
문제 유형	다양한 해결 방안이 존재하는 개방형 문제 (open-ended problem)	잠금장치의 개선 방법, 통신 효율 향상 방식 등
과학적 문제와의 차이	과학적 문제는 정답이 하나인 폐쇄형 문제	"100km를 2시간에 이동 → 평균 속도 = 50km/h"
접근 방식	문제 해결의 방법과 결과가 환경과 조건에 따라 달라짐	자녀가 열쇠를 자주 잃어버리는 문제 → 다양한 잠금 방식 적용
의미	해결해야 할 정답 있는 문제가 아니라 수행해야 할 미션	"이 문제를 어떻게 해결할까?" 라는 설계적 사고 유도

표 2-2. 공학적 문제 해결 사례

문제 상황	공학적 접근 및 아이디어	주요 특징
자녀가 열쇠를 자주 분실	디지털 도어락, 지문/홍채/음성 인식 도어락	다양한 기술을 통한 문제 해결 가능
야간에도 안전한 도로 보행	태양광 충전 LED 보도블록 설치	에너지 절약 + 안전성 확보
폐플라스틱 증가	생분해성 플라스틱 소재 개발	친환경 소재 기술, 지속 가능성
교통 혼잡 해결	대중교통 앱, 자율주행차, 공유 모빌리티 도입	효율성 중심 설계, 시스템 접근
시각장애인의 정보 접근 어려움	점자 스마트워치, 음성 안내 시스템	인간 중심 설계 (Human-Centered Design)

2) 공학적 문제 해결과 창의성

공학 문제는 두 가지 상황에서 자주 등장합니다.

첫째, 우리가 필요한 것이 없을 때 그것을 개발하려는 경우입니다.

둘째, 현재 상태에 불편함을 느껴 이를 개선하고자 할 때입니다.

에디슨은 "필요는 발명의 어머니"라고 했습니다. 그는 세계적인 발명가이자 사업가로서 자신이 발명한 기술뿐 아니라, 기존 기술을 실용적으로 개선해 상용화하는 데에도 뛰어난 능력을 보였습니다. 시장에서 크게 주목받지 못하던 기술이나 상품을 실생활에 맞게 개량함으로써 '발명왕'이라는 명성을 얻었습니다.

록펠러는 미국 석유 산업의 거물로, 기존 자원을 새로운 방식으로 정제하고 유통 체계를 설계함으로써 세계적인 부를 축적했습니다. 그 성공 또한 공학적 사고와 설계적 접근의 결과였다고 볼 수 있습니다.

마이크로소프트의 빌 게이츠는 세상에 없던 컴퓨터 운영체계를 창조했고, 스티브 잡스는 기존 제품을 정교하게 개선해 완성도 높은 제품을 만들어냈습니다. 기자 말콤 글래드웰은 잡스를 "혁신적 창조자라기보다는, 기존의 것을 완성도 있게 개량한 '트위커(tweaker)'"로 표현한 바 있습니다. 이처럼 창의성은 반드시 새로운 것을 발명하는 데만 있는 것이 아니라, 기존 것을 더 좋게 만드는 능력에서도 발휘됩니다.

✅ 트위커(tweaker): 기존 아이디어나 제품을 조금씩 수정하거나 개선(tweak) 하는 사람을 의미

표 2-3. 창의적 혁신 인물과 공학적 사고

인물	주요 성과	공학적 사고의 예
토마스 에디슨	실생활에 유용한 기술을 개량 및 상용화	실용 중심 문제 해결 예 전구, 축음기 등
존 D. 록펠러	석유 정제 및 유통의 시스템화	유통 구조 설계, 효율적 자원 활용
빌 게이츠	새로운 운영체계 개발 (MS-DOS, Windows)	완전히 새로운 기술 창출
스티브 잡스	직관적 UX 기반 제품 설계 (아이폰 등)	기존 기술의 완성도 높은 재구성 (Tweaker)

3) 공학과 인간 삶의 연결

기술의 진보는 '더 편리하고 나은 삶을 살고자 하는 인간의 욕구'에서 비롯됩니다. 동양철학에서도 "곤궁이통(困窮而通), 궁즉사변(窮則思變)"이라는 말이 있습니다. 자원

이 부족하거나 불편함이 클수록 우리는 기능적 고착에서 벗어나 새로운 방법을 고안하게 되며, 어려움 속에서 창의적 해결의 실마리가 탄생합니다. 결국 공학 문제는 부족함, 불만족, 불편함을 출발점으로 합니다. 그리고 그것을 해결하기 위한 창의적 설계와 실천이 공학의 본질입니다.

정리

공학적 문제는 다양한 해결책이 가능한 개방형 문제로, 정해진 하나의 정답이 존재하지 않습니다. 이는 문제를 '정답을 찾는 활동'이 아닌 '설계와 창조를 요구하는 과제'로 이해해야 함을 의미합니다. 사용자의 조건, 환경에 따라 다양한 접근이 가능하며, 실생활의 불편함에서 출발해 창의적으로 해결해 나가는 것이 공학적 문제 해결의 핵심입니다.

2. 공학적 문제 해결 방법

미국이 세계 최강의 경제 대국으로 성장할 수 있었던 배경에는 세계적인 수준의 대학들과 체계적인 공학교육이 자리 잡고 있었습니다. 특히 미국은 공학교육에 있어 세계 최고 수준의 공과대학을 다수 보유하고 있으며, 그 중심에는 ABET(Accreditation Board for Engineering and Technology)라는 공학교육 인증기관이 있습니다. ABET는 90여 년에 걸쳐 공과대학 교육을 평가하고 지속적으로 피드백을 제공함으로써 미국 공학교육의 기틀을 다져왔습니다.

ABET에서는 공학 설계를 "필요한 것을 만들기 위해 시스템, 구성 요소, 혹은 프로세스를 고안하는 과정"으로 정의하고 있습니다. 한국의 공학교육인증원 역시 공학 설계를 "필요한 것을 만들기 위한 시스템, 요소, 프로세스를 고안하는 과정"이라고 정의하며, 양국 모두 공학 설계를 공학적 사고를 바탕으로 한 의사결정 과정으로 보고 있습니다. 이 과정은 기초과학, 수학, 공학 원리를 종합적으로 적용하여 자원을 효율적으로 가공하고, 새로운 장치나 시스템을 창출하거나 기존의 것을 더 나은 상태로 개선하는 창의적인 활동입니다.

공학 설계에서 다루는 대상은 전체적인 시스템(system), 세부 구성 요소인 컴포넌트

(component), 그리고 작동 방식이나 절차인 프로세스(process) 등으로 나뉘며, 이는 모두 사용자의 요구에 맞춰 설계되어야 합니다.

1) 개방형 공학 문제와 공학 설계의 특징

21세기의 공학 문제는 정해진 답이 하나가 아닌 개방형(open-ended) 문제의 성격을 지니고 있습니다. 문제는 점점 다양화, 세분화, 그리고 융·복합화되고 있으며, 이에 따라 공학 설계 문제 역시 복잡성과 난이도가 높아지고 있습니다. 다양한 역량을 가진 사람들이 팀 단위로 협력해야 할 만큼, 설계 문제는 더 이상 개인의 능력만으로 해결되기 어렵습니다.

실제 산업 현장에서의 설계 문제는 흔히 PDCA 사이클(Plan-Do-Check-Act)을 여러 번 반복해야 할 정도로 끊임없는 수정과 개선이 요구되며, 제한 조건의 변화에 따라 유연하게 설계를 조정해야 합니다. 즉, 공학 설계는 틀에 박힌 정형화된 구조가 아니라, 유연하고 변화에 민감한 프로세스입니다. 접근 방식에 따라 결과물이 달라질 수 있는 만큼, 설계는 곧 창의성과 문제 해결 능력의 총합이라 할 수 있습니다.

2) 공학 설계 학습의 의미

공학 설계 문제를 해결한다는 것은 단순한 결과물을 만드는 것이 아니라 복합적 미션을 수행하는 과정을 의미합니다. 이는 여러분이 지금까지 배워온 수학·과학 지식, 전공 역량, 논리적 사고력뿐 아니라, 팀워크와 의사소통 능력까지 종합적으로 활용하는 실전 훈련입니다. 설계 입문 과정은 단지 하나의 과제를 수행하는 데 그치지 않고, 여러분의 문제 해결 능력과 창의적 사고 역량을 기르는 중요한 학습 여정입니다.

정리

창의성은 완전히 새로운 것을 발명하는 것뿐 아니라, 기존 것을 더 낫게 개선하는 데에도 중요한 역할을 합니다. 에디슨, 록펠러, 빌 게이츠, 스티브 잡스 등은 공학적 문제 해결과 창의적 설계로 세상을 변화시킨 대표적인 인물들입니다. 공학 문제 해결은 창의적 사고와 실용적 응용의 융합을 통해 가능해집니다.

3. 공학 설계 프로세스와 제한 조건

1) 에드워드 데밍(Edward Deming)의 PDCA 사이클

산업 현장에서 가장 자주 접하게 되는 공학 문제 중 하나는 품질 개선입니다. 이때 가장 널리 활용되는 사고체계가 바로 에드워드 데밍(Edward Deming)의 PDCA 사이클입니다. PDCA 사이클이란 다음의 4단계로 구성된 반복적인 문제 해결 과정입니다.

- Plan(계획)
- Do(실행)
- Check(점검)
- Action(개선)

이 사이클을 지속적으로 반복함으로써 현장의 공학 문제를 점진적으로 개선해 나갈 수 있습니다.

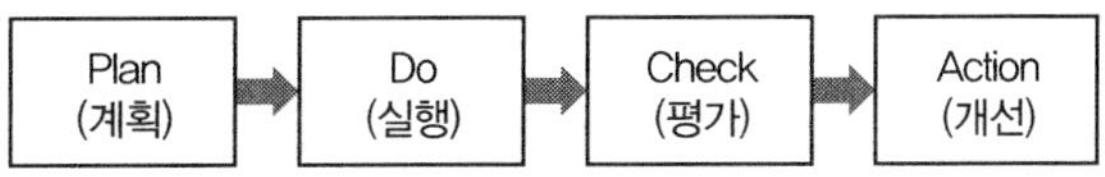

그림 2-2. 에드워즈 데밍의 PDCA Cycle

① Plan(계획 단계)

계획 단계에서는 현재 문제를 명확히 정의하고, 달성할 수 있는 목표와 실행 방침을 설정합니다. 이때 목표는 가능한 한 수치화하여 명확히 설정해야 진도 관리가 쉬워지고, 성패 여부를 평가하기도 쉬워집니다. 계획 수립 시에는 문제를 단순화하거나 모형화하기도 하며, 브레인스토밍을 통해 다양한 전략을 검토합니다. 창의적인 접근이 필요한 단계입니다. 계획이 불명확하거나 준비가 부족하면 프로젝트 전반에 부정적인 영향을 미치며, 실패 확률이 높아집니다. 또한 팀원들과 목표와 계획을 충분히 공유하고 합의(consensus)를 도출하는 것도 매우 중요합니다. 이는 프로젝트에 대한 공통된 목표 의식과 결속력을 강화해 성공 가능성을 높이는 데 큰 역할을 합니다.

② Do(실행 단계)

계획을 바탕으로 실제 실행에 옮기는 단계입니다. 이 단계에서는 일정과 진도 관리가 핵심입니다. 제한된 시간 내에 프로젝트가 계획대로 진행되고 있는지를 지속적으로 점검해야 합니다. 진행 중 예상치 못한 어려움이 발생할 수도 있으며, 계획을 끝까지 이행하지 못하고 시간만 낭비하는 때도 생길 수 있습니다. 따라서 중간 점검은 필수입니다. 또한, 실행 단계에서는 수치화된 목표와 실제 결과를 지속적으로 비교하며, 진척도 저하의 원인을 분석하고 해결하려는 습관을 기르는 것이 중요합니다.

③ Check(점검 및 평가 단계)

이 단계에서는 실행 결과를 평가하여, 계획된 품질 목표가 달성되었는지 확인합니다. 목표 달성 여부를 수치와 기준에 따라 판단하며, 결과물이 시제품(Prototype) 수준이든 최종 결과물이든 관계없이 기능적, 심미적 요소 모두를 평가합니다. 또한, 프로젝트 수행 과정에서 발생한 숨어 있는 문제점이나 팀워크 내 갈등, 개인별 기여도도 함께 점검해야 합니다. 목표 품질을 달성하지 못한 경우, 실패 요인을 분석하고, 설계안이 주어진 품질 기준 및 제한 조건을 만족하는지 재검토해야 합니다.

④ Action(개선 단계)

점검 결과를 바탕으로 문제점을 파악하고, 다음 계획에 피드백하여 개선안을 수립하는 단계입니다. 이 과정을 통해 PDCA 사이클을 반복 실행할 수 있는 기반을 마련하게 됩니다. 팀원들 간에 있었던 갈등이나 불만 요소를 해소하는 것도 중요하며, 이는 다음 사이클에서 팀워크를 극대화하기 위한 전제 조건입니다. 결국 공학 문제 해결의 많은 사례가 이 PDCA 사이클의 반복을 통해 개선되고 발전해 왔습니다.

2) 공학 설계의 제한 조건(Constraints)

공학 설계는 다양한 이해관계자들과 변수들이 얽힌 복잡한 문제를 다루며, 반드시 고려해야 할 제한 조건(constraints)이 존재합니다. 이러한 제한 조건은 설계의 범위와 방향을 결정짓는 중요한 요소로, 다음과 같은 요소들이 포함됩니다.

표 2-4. 대표적 제한 조건

분류	예시
환경적 제약	탄소배출, 폐기물 처리 등
사회적 책임	지역사회 영향, 윤리적 고려 등
기업 지배구조	ESG 지표 반영, 투명한 운영 등
경제적 제약	예산, 제조원가, 투자 비용 등
안전 및 보건	작업자나 사용자 안전성, 법규 준수 등
심미성	디자인, 시각적 완성도 등
기술적 기준	생산성, 내구성, 산업 표준 준수 등

* ESG(Environmental, Social, Governance): 현대 공학 설계에서 반드시 고려해야 할 기준으로, 환경보호, 사회적 책임, 투명한 기업 운영이 포함됩니다.

4. 공학 설계에서의 실패 원인과 대책

1) 공학 설계 실패의 주요 원인

① 설계 결함 및 오류

부적절한 하중 계산, 응력 집중 미고려, 안전 계수 부족 등으로 인해 구조물이 의도한 기능을 수행하지 못하거나 붕괴할 수 있습니다.

예 구조물의 단면 변화로 인한 응력 집중, 복잡한 형상에서의 응력 분포 오판 등

② 요구사항 정의의 부재 또는 불명확성

사용자의 요구사항이 명확하게 정의되지 않으면 설계 방향이 불분명해지고, 이는 제품의 기능 미달이나 실패로 이어질 수 있습니다.

예 제품 개발 시 요구사항이 명확하지 않아 기능이 빠지거나 불필요한 기능이 추가되는 경우

③ 팀 간 의사소통 부족

설계 과정에서 부서 간 또는 팀원 간의 소통이 원활하지 않으면 정보의 누락이나

오해로 인해 설계 오류가 발생할 수 있습니다.

예 설계 변경 사항이 관련 부서에 전달되지 않아 이전 버전의 설계로 생산이 진행되는 경우.

④ 재료 선택 및 품질관리 미흡

부적절한 재료 선택이나 품질관리의 부족은 제품의 성능 저하나 조기 고장을 초래할 수 있습니다.

예 부적절한 재료 사용으로 인한 피로 파괴.

⑤ 인적 오류(휴먼 에러)

설계, 생산, 검사 과정에서 일어나는 실수나 부주의는 제품의 결함이나 실패로 이어질 수 있습니다.

예 설계 도면의 단위 변환 오류, 조립 시 부품의 잘못된 설치 등.

2) 공학 설계 실패 예방을 위한 대책

① 요구사항 명확화 및 관리

- 초기 단계에서 사용자 요구사항을 명확히 정의하고, 이를 지속적으로 관리하여 설계 방향이 일관되도록 합니다.
- 요구사항 추적 매트릭스(RTM)를 활용하여 요구사항과 설계 요소 간의 연계를 관리합니다.

② 설계 검토 및 검증 절차 강화

- 설계 단계별로 검토(Design Review)를 시행하여 오류를 조기에 발견하고 수정합니다.
- 시뮬레이션 및 프로토타입 테스트를 통해 설계의 유효성을 검증합니다.

③ 효과적인 의사소통 체계 구축

- 프로젝트 관리 도구를 활용하여 팀 간의 정보 공유를 원활하게 하고, 정기적인

회의를 통해 진행 상황을 공유합니다.

- 변경 관리(Change Management) 절차를 마련하여 설계 변경 사항이 모든 관련자에게 전달되도록 합니다.

④ 재료 선정 및 품질관리 강화

- 재료의 특성과 사용 환경을 고려하여 적절한 재료를 선택하고, 공급업체의 품질을 지속적으로 평가합니다.
- 입고 검사, 공정 검사, 최종 검사를 통해 제품의 품질을 확보합니다.

⑤ 인적 오류 최소화를 위한 교육 및 시스템 도입

- 작업자 교육을 통해 업무에 대한 이해도를 높이고, 표준 작업 절차(SOP)를 마련하여 실수를 줄입니다.
- 자동화 시스템이나 체크 리스트를 도입하여 반복적인 실수를 방지합니다.

3) 공학 설계 실패 사례

① 하얏트 리젠시 호텔 보행로 붕괴(1981년, 미국 캔자스시티)

ⓐ 사건 개요: 1981년 7월 17일, 하얏트 리젠시 호텔의 2층과 4층을 연결하는 보행로가 붕괴하여 114명이 사망하고 216명이 부상한 대형 참사가 발생하였습니다.

ⓑ 주요 원인

- 설계 변경 미승인: 원래의 설계에서는 하나의 긴 철봉이 천장부터 2층 보행로까지 이어져 있었으나, 시공 편의를 위해 철봉을 두 개로 나누는 변경이 이루어졌습니다. 이 변경은 구조적 하중을 증가시켰으나, 충분한 검토나 승인을 거치지 않았습니다.
- 하중 계산 오류: 변경된 설계는 하중을 두 배로 증가시켰으며, 이는 구조물의 붕괴로 이어졌습니다.
- 의사소통 부족: 설계자와 시공자 간의 의사소통 부재로 인해 변경 사항이 제대로 전달되지 않았습니다.

ⓒ 교훈

- 설계 변경 시 철저한 검토와 승인 절차 필요
- 구조적 하중 계산의 중요성 강조
- 프로젝트 참여자 간의 원활한 의사소통 필수

② 실버 브리지 붕괴(1967년, 미국 웨스트버지니아)

ⓐ 사건 개요: 1967년 12월 15일, 오하이오 강을 가로지르는 실버 브리지가 붕괴하여 46명이 사망하였습니다.

ⓑ 주요 원인

- 재료 결함: 교량의 주요 부재인 아이바(eyebar) 중 하나에 미세한 균열이 발생하였으며, 이는 응력 부식 균열(stress corrosion cracking)로 발전하였습니다.
- 검사 한계: 당시의 검사 기술로는 이러한 미세한 균열을 발견하기 어려웠습니다.
- 설계의 취약성: 교량의 설계는 단일 부재의 실패가 전체 구조의 붕괴로 이어질 수 있는 구조였습니다.

ⓒ 교훈

- 재료 선택 시 장기적인 내구성과 검사 용이성 고려 필요
- 정기적인 비파괴 검사(NDT)의 중요성 강조
- 설계 시 단일 부재의 실패가 전체 구조에 미치는 영향 분석 필요

③ 타코마 내로우즈 브리지 붕괴(1940년, 미국 워싱턴주)

ⓐ 사건 개요: 1940년 11월 7일, 워싱턴주의 타코마 내로우즈 브리지가 강풍에 의해 붕괴하였습니다.

ⓑ 주요 원인

- 공기역학적 설계 미흡: 슬림(slim)한 디자인과 낮은 강성으로 인해 교량이 바람에 의해 진동하게 되었으며, 이는 공기역학적 플러터(aeroelastic flutter) 현상을 유발하였습니다.

- 풍동 실험 부족: 설계 단계에서 충분한 풍동 실험이 이루어지지 않아 이러한 현상을 예측하지 못하였습니다.

ⓒ 교훈

- 공기역학적 특성에 대한 철저한 분석과 실험 필요
- 설계 시 외부 환경 요인(예 바람)의 영향을 고려한 구조적 안정성 확보 필수

④ 스페인 S-80 잠수함 과중량 문제(2013년)

ⓐ 사건 개요: 스페인 해군의 S-80 잠수함은 설계 오류로 인해 예상보다 70톤 무겁게 제작되어 부상에 문제가 발생하였습니다.

ⓑ 주요 원인

- 단위 변환 실수: 설계 과정에서 소수점 위치 오류로 인해 무게 계산에 문제가 발생하였습니다.
- 검토 부족: 설계 변경 사항에 대한 충분한 검토와 검증이 이루어지지 않았습니다.

ⓒ 교훈

- 설계 계산 시 단위 변환과 소수점 위치에 대한 철저한 검토 필요
- 설계 변경 시 다각적인 검토와 시뮬레이션을 통한 검증 필수

⑤ 시티코프 센터 구조적 결함(1978년, 미국 뉴욕)

ⓐ 사건 개요: 뉴욕의 시티코프 센터는 건물의 구조적 결함으로 인해 강풍에 취약한 것으로 밝혀졌습니다.

ⓑ 주요 원인

- 설계 변경 미반영: 건물의 구조적 지지 방식이 변경되었으나, 이에 따른 하중 분석이 충분히 이루어지지 않았습니다.
- 윤리적 책임감 결여: 문제를 인지한 후에도 공개적인 조치보다는 비공식적인 수정에 의존하였습니다.

ⓒ 교훈

- 설계 변경 시 구조적 영향에 대한 철저한 분석 필요
- 엔지니어의 윤리적 책임감과 투명한 문제 해결 접근 방식 중요

5. 일반적인 설계 프로세스

공학적 문제는 단순한 소규모 공정 개선 활동에서부터 기업의 핵심 신기술 개발과 같은 대규모 프로젝트에 이르기까지 다양합니다. 그렇다면 이러한 다양한 프로젝트를 수행하기 위한 일반적인 설계 프로세스에는 어떤 단계들이 있을까요?

앞서 다룬 에드워드 데밍(Edward Deming)의 PDCA 사이클에서도 언급했듯이, 계획(Plan) 단계에서 문제가 잘못 정의되거나 미션 범위가 부정확하게 설정되면 전체 프로젝트가 방향을 잃을 수 있습니다. 이처럼 계획 단계는 설계 프로세스의 핵심이라고 할 수 있습니다.

최근 산업 현장에서 활용되는 설계 프로세스에서는 초기 단계부터 세부적인 분석이 이루어집니다. 먼저, 문제의 수요를 파악하고 명확하게 정의한 후, 관련 정보를 체계적으로 수집하고, 설계 기준을 설정하며, 다양한 제한 요소(constraints)를 식별합니다. 이어서, 아이디에이션(ideation)을 통해 가능한 해결 방안을 다양하게 도출하고, 시뮬레이션 기법을 활용해 예측 결과를 분석하며, 이를 바탕으로 설계안의 타당성을 검토합니다.

실행(Do) 단계에서는 개별 작업의 진행 상황과 품질 달성도를 평가하며 일정을 관리합니다. 이 과정에서는 계획된 설계 품질이 실제로 구현되고 있는지를 자세히 검토해야 합니다. 또한, 의사소통과 피드백 과정은 Check 단계에 해당하며, 이를 통해 프로젝트가 계획대로 진행되고 있는지 확인하고, 상위 조직 및 이해관계자와의 정보 공유를 통해 조율이 이뤄집니다. 시제품이 목표 품질을 만족한다면, 이후에는 생산 설계 및 시험 생산단계로, 즉 개선(Action) 단계로 이어지게 됩니다.

한편, 창의적 설계에서는 문제 해결 과정에서 창의성이 중요한 요소로 작용합니

다. 미국의 작가이자 광고 경영자인 알렉스 오스본(Alex F. Osborn)은 창의적 문제 해결 과정을 체계화한 CPS(Creative Problem Solving) 기법을 고안한 바 있습니다. 이 과정은 총 6단계로 구성되며, 다음과 같습니다.

① 목표 발견 단계

해결하고자 하는 목표를 명확히 하기 위해, 먼저 목표 진술문(goal statement)을 작성합니다. 글로 명확히 표현해 보는 것만으로도 문제의 본질이 드러나기 시작합니다.

② 사실 확인 단계(Fact-Finding)

문제 해결에 필요한 정보를 수집하고 검토하는 단계로, 가능한 한 5W1H(누가, 언제, 어디서, 무엇을, 어떻게, 왜)를 활용하여 상황을 다각도로 분석합니다.

③ 문제 발견 단계(Problem-Finding)

수집한 정보에 근거해 문제를 구체화하고, 무엇이 핵심적인 문제인지를 식별하여 미션을 정의합니다.

④ 아이디어 생성 단계(Idea-Finding)

가능한 많은 해결 아이디어를 도출합니다. 이때 비판 없이 아이디어를 자유롭게 제시하는 것이 중요합니다.

⑤ 해결책 도출 단계(Solution-Finding)

제시된 아이디어 중 가장 실현 가능성이 높고 효과적인 해결책을 선택합니다.

⑥ 수용 및 실행 단계(Acceptance-Finding)

선택한 해결책을 구체적으로 실현하며, 이에 영향을 줄 수 있는 제한요인이나 방해요소를 분석하고 극복 방안을 마련합니다.

Osborn의 CPS 과정은 특히 1~5단계가 Deming의 Plan 단계에 해당하며, 6단계는

Do/Check/Action 단계를 모두 아우르는 것으로 해석될 수 있습니다. 이는 CPS 과정이 계획 단계에 무게 중심을 두고 창의성을 극대화하는 데 중점을 둔 프로세스임을 보여줍니다.

이처럼 일반적인 설계 프로세스는 체계적인 문제 정의에서부터 아이디어 도출, 실행 및 개선에 이르기까지 일련의 단계로 구성되어 있으며, 창의성과 논리적 사고를 동시에 요구하는 복합적인 활동입니다. 설계 과정에서 이러한 프로세스를 적절히 활용하는 것이 성공적인 문제 해결의 열쇠가 됩니다.

정리

공학은 인간의 불편, 부족, 불만족에서 출발하여 이를 창의적으로 해결하는 활동입니다. "궁즉통"이라는 말처럼, 제한된 자원과 어려움 속에서 새로운 해결책이 태어납니다. 결국 공학은 인간 중심의 삶의 질 향상을 목적으로 하며, 설계와 창의성은 그 실현 수단입니다.

6. 공학 설계 프로세스

한국공학교육인증원(ABEEK)은 공학 설계 과정을 다음과 같은 6단계 프로세스로 제시하고 있습니다. 1단계는 목표 설정 단계입니다. 설계 주제 선정을 위한 브레인스토밍(brainstorming)을 실시하고, 도출된 아이디어를 공유하여 팀원 간의 합의를 통해 설계 미션과 목표를 명확히 설정합니다. 2단계는 합성(synthesis) 단계로, 설계 목표를 달성하기 위한 개념과 설계안을 구체화합니다. 3단계는 분석(analysis) 단계로, 설계도를 바탕으로 해석 및 시뮬레이션을 수행하고 그 결과를 문서화합니다. 4단계는 제작(construction) 단계로, 필요한 부품을 구입하고 실물 시제품을 제작합니다. 5단계는 시험(test) 단계로, 시제품에 대한 성능 평가 및 시험을 수행하며 시험 절차를 문서화합니다. 6단계는 평가(evaluation) 단계로, 미리 설정한 평가 기준에 따라 설계의 적합성과 목표 달성 여부를 판단하며, 팀워크 활동에 대한 자체 평가도 함께 진행합니다.

이러한 ABEEK 설계 프로세스는 기계공학, 건축공학 등 물리적 구조물이 주요 산출물인 분야에서 효과적으로 적용될 수 있습니다. 하지만 디자인, 화학공학 등 다학제적이고 복합적인 설계가 요구되는 분야에서는 보완적 참고로 활용하는 것이 바람직합니다.

1) 창의적 공학 설계 프로세스의 단계

① 문제 정의(Problem Definition)

고객의 요구사항 또는 사용자 불편을 바탕으로 설계 주제를 선정합니다. 제한 조건, 목표 성능(품질), 일정 등을 고려하여 문제를 명확히 정의하고, 해결을 위한 기준을 설정합니다. 이때 고객은 교수님, 실사용자, 또는 시장일 수 있습니다. 예를 들어, '더 안전한 사다리'라는 주제를 수행할 경우, 무엇이 '안전'인지 정의하고 제한 조건을 함께 고려해야 합니다.

② 설계 과정(Design Process)

개념 설계 → 예비 설계 → 상세 설계의 단계로 진행됩니다.

- 개념 설계(Conceptual Design): 가능한 모든 아이디어를 도출합니다.
- 예비 설계(Preliminary Design): 개념 설계에서 도출된 아이디어를 분류·조합하여 2~3개의 설계안으로 발전시킵니다.
- 상세 설계(Detail Design): 최종 설계안을 결정하고 구체화하며, CAD를 통해 설계도를 작성하고 시뮬레이션 기법을 활용하여 사전 검증합니다.

③ 제작 및 시험(Construction & Testing)

상세 설계안을 바탕으로 부품을 조달하고 시제품을 제작합니다. 제작된 시제품은 목표 품질에 따라 시험하고 그 결과를 기록합니다.

④ 평가 및 개선(Evaluation & Feedback)

시험 결과를 분석하여 설계 목표를 달성했는지 평가하고, 미달성 시 설계 단계로 되돌아가 보완합니다(피드백). 최종적으로 설계안을 보고서 또는 프레젠테이션 형식으로 제출하며, 이를 통해 고객(교수, 사용자 등)과 소통합니다.

사례 **'안전한 사다리' 설계 프로세스**

예를 들어, 고객이 '안전한 사다리를 만들어 달라'는 요청을 한다면, 먼저 '안전'의 기준이 무엇인지 명확히 정의해야 합니다. 사다리를 과수원에서 사용할 때 '경량성', '운반 용이성', '200kg 하중 지지력' 등이 요구사항이 될 수 있습니다. 반면 소방용이나 고층 이사용 사다리의 경우는 '높이 조절 가능', '내화성', '인명구조 기능' 등의 특성이 중요할 것입니다.

그림 2-3. 본격적인 설계 전 고려사항

이러한 과정을 통해 개념 설계에서 다양한 아이디어를 도출하고, 예비 설계에서 이를 2~3개의 안으로 발전시킨 후, 상세 설계 단계에서 최적의 설계안을 결정합니다. 이후 CAD 설계, 시뮬레이션, 시제품 제작, 시험, 평가의 단계를 거쳐 최종 결과를 보고합니다.

2) 창의적 설계를 위한 전략적 사고

① '첫 번째 설계와 결혼하지 마라'

처음 떠오른 아이디어에 집착하지 말고, 다양한 아이디어를 탐색하세요. 이를 '최소 공약(Least Commitment)' 전략이라 하며, 섣부른 결정을 경계하고 유연한 사고를 유지하라는 의미입니다.

② 복잡한 문제는 나눠서 해결하라

'분할 정복(Divide and Conquer)' 전략을 사용하세요. 문제를 세분화하면 병목(bottle-neck) 지점이 드러나며, 인적·물적 자원을 효율적으로 배분하여 문제 해결이 쉬워집니다. 병목은 문제 해결의 장애 지점이며, 이를 해소하는 것이 전체 성과 향상의 핵심입니다.

정리 공학 설계는 시스템, 구성 요소, 프로세스를 창의적으로 고안하여 문제를 해결하는 활동입니다. 이는 단순한 결과 도출이 아닌, 조건에 맞는 최적 해를 찾아가는 반복적이고 통합적인 과정입니다. 공학 설계는 인간의 필요를 출발점으로 하며, 창의성과 협업을 통해 실제적인 변화를 이끌어냅니다.

7. 공학 설계 프로세스의 시작: 문제 정의하기

공학 설계에서의 문제란, 프로젝트를 통해 극복하거나 달성해야 할 과업(work) 또는 미션(mission)을 의미합니다. 따라서 문제를 정의한다는 것은 그 과업이나 미션을 명확하게 정립하는 과정입니다. 이러한 미션은 다양한 해결 과제가 혼재된 복합적인 형태일 수 있으며, 때로는 하나의 문제를 해결하면 다른 문제를 해결하기 어려워지는 상충적 특성(trade-off properties)을 지닐 수도 있습니다.

예를 들어, 가격이 저렴하면서도 기능이 많은 제품을 개발하려고 할 때를 생각해 봅시다. 핵심 기능을 추가하려면 비용이 증가하게 되는데, 동시에 제품 가격을 낮춰야 한다면 어떻게 해결해야 할까요? 이런 경우에는 복합적인 문제들을 분해하여 "분할하여 정복(divide and conquer)" 전략으로 접근하고 해결하는 것이 효과적입니다.

공학적 문제는 개방형(open-ended)이며 비구조적(ill-structured)이라는 점을 인식해야 합니다. 초기에는 주어진 정보가 매우 제한적이며, 문제의 정의는 관점에 따라 달라질 수 있습니다. 따라서 단순한 공식이나 지식을 적용하기보다는 추가적인 정보 탐색과 해석이 필요합니다.

그렇다면 이러한 문제 또는 미션은 어떻게 시작되는 것일까요? 저는 문제의 출발점을 두 가지 관점에서 바라보고자 합니다. 바로 개선에 대한 요구(Needs)와 기술적 기반(Seeds)입니다.

- Needs 기반 문제: 일상 속 불편함이나 개선하고 싶은 점에서 출발하는 문제입니다. 예를 들어, 가정에서 사용하는 일반 열쇠 기반 잠금장치를 사용하다 보면 열쇠를 잃어버리는 불편함이 발생합니다. 이를 해결하기 위해 개발된 것이 바로 번호 입력 방식의 디지털 도어록입니다. 이처럼 일상 속 요구에서 출발한 문제를 해결하려는 것이 Needs 기반 문제입니다.
- Seeds 기반 문제: 기존의 기술적 토대를 바탕으로 새로운 문제를 발견하고 해결책을 찾아가는 방식입니다. 예를 들어, 번호 입력 방식의 도어록 기술이 개발된 이후, 지문 인식이나 홍채 인식 같은 생체 인식 기술을 접목하여 더 진보된 시스템으로 발전시킨 것이 기술적 Seeds를 활용한 문제 해결 사례입니다.

Needs와 Seeds가 결합하면 더 창의적이고 혁신적인 문제 해결이 가능해집니다. 기술적인 기반이 충분할 때, 사용자 요구(Needs)를 잘 접목하면 발상의 전환이 일어날 수 있습니다. 예를 들어, 3M이라는 회사는 원래 접착제 기술(Seeds)에 강점이 있는 기업이었습니다. 그런데 한 직원이 "잘 떨어지는 접착제가 있으면 좋겠다"라는 요구(Needs)를 제기하면서, "접착제는 반드시 잘 붙어야 한다"라는 기존의 고정관념이 깨졌습니다. 이 발상의 전환(패러다임 시프트)을 통해 이전에는 없던 신제품인 포스트잇(Post-It)이 탄생하게 되었습니다.

> **정리**
>
> 공학 설계는 시스템, 구성 요소, 프로세스를 창의적으로 고안하여 문제를 해결하는 활동입니다. 이는 단순한 결과 도출이 아닌, 조건에 맞는 최적 해를 찾아가는 반복적이고 통합적인 과정입니다. 공학 설계는 인간의 필요를 출발점으로 하며, 창의성과 협업을 통해 실제적인 변화를 끌어냅니다.

연습문제

1 객관식 공학 설계의 제한요인에 해당하지 않는 것은? (　　)

① Cost　　② ESG
③ Science　　④ Ethic

2 객관식 공학적 문제 특성에 해당하지 않는 것은? (　　)

① 문제를 정의한다는 것은 해야 할 일이나 미션을 정확하게 정립한다는 의미
② 공학 문제들은 공식을 적용하면 쉽게 풀 수 있는 과학적, 수리적 문제이다.
③ 때론 한 가지 문제를 해결하면 다른 한 가지는 풀기 어려워지는 서로 상충적 특성(trade–off properties)을 지니고 있다.
④ 개방적(open–ended), 비구조적(ill–structured)인 특성이 있다.

3 OX문제 공학 문제는 진실을 탐구하고 지식을 추구하는 과학적 탐구 문제를 말한다. (　　)

4 OX문제 대부분 처음 고안한 아이디어가 가장 문제 해결책에 근접한다.

(　　)

5 주관식 에드워즈 데밍의 PDCA Cycle 이란? (　　　　　　　　　　　　)

6 주관식 창의적 공학 설계 프로세스에서는 문제 정의 후 설계 과정이 이어진다. 이 과정에서는 무슨 일이 진행되는가? (　　　　　　　　　　　　)

3장

승리전략과 조직 문화

1. 토끼와 거북이의 승리전략
2. 바람직한 팀과 조직 문화
3. 나의 사고유형 파악하기
4. Ned Hermann의 두뇌 유형 모델 및 역량 키우기
5. 팀 구성
6. 팀워크 빌드업
7. 팀 회의 진행

1. 토끼와 거북이의 승리전략

1) 토끼와 거북이 이야기에서 배우는 교훈

고전 우화인 토끼와 거북이의 경주는 단순한 이야기처럼 보이지만, 그 속에는 중요한 전략적 교훈이 담겨 있습니다. 여기서는 이 우화를 바탕으로 공학 설계 교육에 적용할 수 있는 네 가지 승리전략을 소개합니다.

전략 1 "천천히, 그러나 꾸준하게" – 꾸준함이 결국 승리를 이끈다.

첫 번째 이야기에서 거북이는 느리지만 꾸준함을 무기로 경주에서 승리합니다. 이는 단기적인 성과보다는 지속적인 노력과 태도가 중요하다는 교훈을 줍니다. 지방대학에 재학 중인 학생들은 종종 서울의 명문대 학생들과의 출발선 차이에 대해 고민합니다. 하지만 저는 다음과 같이 조언합니다.

"여러분은 거북이처럼 출발은 다소 느릴 수 있지만, 인생이라는 긴 마라톤에서는 천천히 그리고 꾸준히 나아간다면 충분히 승리할 수 있습니다." 세상에는 빠르게 출발했지만, 중간에 포기한 사람보다, 꾸준함으로 끝까지 나아가 성공한 사례가 훨씬 많습니다. 결국 인생의 승리는 '지속력'에 달려 있습니다.

전략 2 "빠르고 진지하게" – 방심하지 않고 실력을 발휘하라

두 번째 이야기에서는 토끼가 지난 방심을 반성하고, 이번에는 빠르고 진지하게 경주에 임해 거북이를 이깁니다. 이는 '빠르면서도 성실하다면' 그 자체로 가장 강력한 전략이 될 수 있음을 보여줍니다.

"천천히, 꾸준함도 중요하지만 빠르고 안정적이라면 더 뛰어난 결과를 얻을 수 있습니다." 물론 이런 경우, 거북이에게는 불리한 환경이 될 수 있습니다. 하지만, 아직 전략은 끝나지 않았습니다.

전략 3 **"자신의 강점을 살려라." – 나에게 유리한 무대를 선택하라**

세 번째 이야기에서 거북이는 자신의 핵심 역량을 파악하고 유리한 환경에서 경쟁함으로써 승리를 거둡니다. "넓은 들판에서 쥐가 사자와 싸우는 것은 무리지만, 어둡고 비좁은 굴속에서는 쥐가 사자를 이길 수도 있습니다."

이 비유처럼, 자신의 장점을 명확히 알고 그 장점을 극대화할 수 있는 환경을 찾는 것이 중요합니다. 자신이 잘하는 분야, 흥미를 느끼는 영역에서 승부를 걸어야 합니다.

전략 4 **"혼자보다 함께" – 팀워크에서 나오는 시너지 효과**

마지막 네 번째 전략은 팀워크의 중요성을 강조합니다. 개인의 능력도 중요하지만, 팀으로 협력할 때 더 큰 성과를 낼 수 있습니다. "개인의 역량이 합쳐졌을 때 1+1이 2가 아닌 3 이상의 결과를 낼 수 있습니다. 이것이 바로 시너지 효과(synergy effect)입니다."

공학교육 인증(ABEEK)에서도 팀워크를 중요한 교육 요소로 강조합니다. 여러분이 수행할 많은 프로젝트와 팀플레이에서 이 시너지 효과를 직접 경험하게 될 것입니다.

2. 바람직한 팀과 조직 문화

1) 전통적 조직 구조와 변화

과거에는 **수직적 조직**이 주류를 이루었습니다. 사장 → 이사 → 부장 → 차장 → 과장 → 대리 → 사원으로 이어지는 계급 구조에서, 높은 직급일수록 더 많은 **권한과 지휘권**이 주어졌습니다. 이러한 구조에서는 **상명하복**, 즉 윗사람이 명령하고 아랫사람이 따르는 문화가 일반적이었습니다. 하지만 오늘날에는 이러한 수직적 구조에서 벗어나, **일 중심의 팀 구성**, 즉 **수평적 조직**으로의 전환이 활발하게 이뤄지고 있습니다. 이러한 팀을 흔히 TFT(Task Force Team)라고 부릅니다.

2) 팀 문화에서의 핵심: 수평적 소통과 존중

팀제가 성공하려면 팀원 간의 **수평적 소통**과 **상호 존중**이 필수입니다.

조직은 사람으로 이루어지며, 조직이 활력을 잃으면 생명력을 잃은 것처럼 기능하지 못하게 됩니다. 건강한 조직은 적절한 긴장과 이완의 균형을 유지하고, 팀원 간의 신뢰와 존중을 바탕으로 역동성을 가집니다.

따라서 변화하는 조직 문화에 맞추어 조직을 이끄는 리더는 '사람을 경영'하는 관점이 필요합니다.

표 3-1. 수직적 조직 vs 수평적 조직

구분	수직적 조직	수평적 조직(팀제)
권한	상위 계급에 집중	팀원 개개인에게 분산
의사결정 방식	상명하복, 지시 중심	회의·토의 중심의 합의
리더 역할	명령·통제 중심	의견 조율·지원 중심
업무 수행 방식	개인별 task 하달	공동 작업과 공동 책임
소통 방식	일방적 지시	수평적, 개방적 커뮤니케이션

3) 팀제의 장점과 한계

① 팀제의 장점

- 팀원 각자의 **역량과 전문성**이 결합하여 문제 해결의 가능성이 높아짐
- 다양한 **창의적 아이디어**의 도출 가능성
- 팀원 간의 **상호 학습**과 **개별 리더십 향상**
- 과제를 함께 수행하며 **자신감 형성 및 수평적 인간관계 구축**
- **시너지 효과** 발생

② 팀제의 단점

- 모든 팀원이 참여해야 하므로 **시간과 자원**의 투입이 많음
- 많은 아이디어 중 일부만 채택되어 **비효율성** 발생 가능
- **강한 팀 내 결속**이 오히려 다른 팀과의 **융합 저해** 요인이 될 수 있음

정리 현대의 조직은 더 이상 위계질서에 의존하지 않고, **팀워크와 수평적 소통, 각자의 강점을 발휘하는 협력 문화**를 추구합니다. 공학 설계에서도 마찬가지로, 창의적 문제 해결을 위해서는 **서로 다른 역량을 조합하고, 신뢰와 존중을 바탕으로 함께 일하는 문화**가 필요합니다.

3. 나의 사고유형 파악하기

1) 왜 팀에는 다양한 사고유형이 필요할까?

좋은 팀이란 무엇일까요? 축구나 농구 경기에서 공격만 잘하는 선수가 모였다고 해서 반드시 최고의 팀이 되는 것은 아닙니다. 공격, 수비, 미드필더 역할이 균형 있게 조화를 이룰 때 진정한 '드림팀'이 됩니다.

공학 설계 프로젝트도 마찬가지입니다. 서로 다른 핵심 역량과 사고방식을 가진 학생들이 함께 팀을 구성하면, 서로의 부족한 부분을 보완하며 더 나은 결과를 만들어 낼 수 있습니다.

2) 나의 사고 유형 알아보기

모르는 사람들과 팀을 구성할 때는 서로의 특성을 객관적으로 이해하는 것이 중요합니다. 그렇다면 나의 사고유형은 무엇일까?(사고유형 파악 도구)

이를 위해 다음과 같은 도구를 사용할 수 있습니다.

- Ned Herrmann의 두뇌 유형 모형(Whole Brain Model)
- MBTI 성격유형 검사

① Ned Herrmann의 두뇌 유형 모형(Whole Brain Model)

미국의 창의성 연구자 Ned Herrmann은 인간의 뇌를 발달한 부위에 따라 4가지 유형으로 분류했습니다.

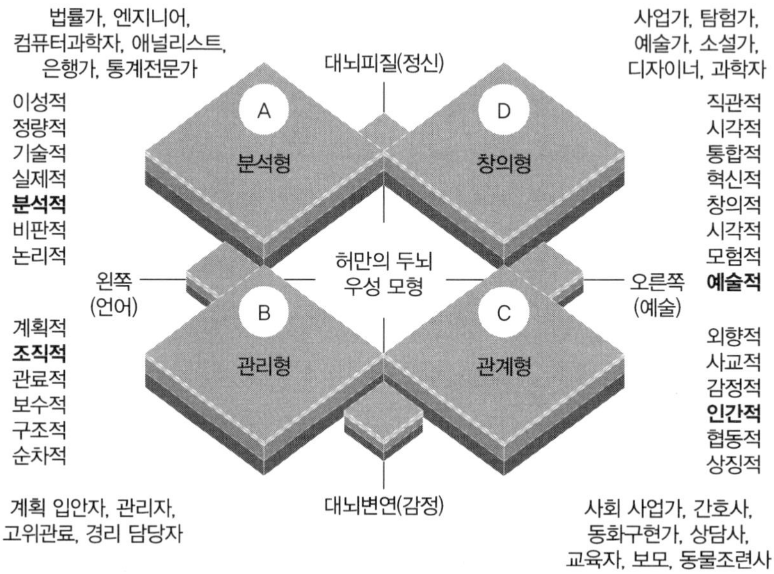

그림 3-1. 허만의 두뇌 우성 모형

유형	특성	잘 맞는 직업
A형(분석형)	이성적, 분석적, 논리적	엔지니어, 법률가, 컴퓨터 과학자
B형(관리형)	조직적, 계획적, 보수적	관리자, 기획자
C형(관계형)	사교적, 협력적, 감성적	사회복지사, 간호사, 교사
D형(창의형)	직관적, 예술적, 창의적	디자이너, 예술가, 과학자

팀 구성 시, 서로 다른 두뇌 유형이 고루 배치되면 사고의 균형이 맞춰지고 창의성과 논리성이 조화를 이룹니다.

② MBTI 성격유형 검사

MBTI(Myers-Briggs Type Indicator)는 개인의 인식과 판단 방식에 따른 선호 경향을 바

탕으로, 사람의 행동 유형을 16가지 성격유형으로 분류하는 심리검사입니다.

선호 차원	설명
E(외향) vs I(내향)	에너지 방향: 외부 vs 내부
S(감각) vs N(직관)	정보 수집 방식: 실제적 vs 가능성 중심
T(사고) vs F(감정)	판단 기준: 논리 중심 vs 가치 중심
J(판단) vs P(인식)	생활 방식: 계획적 vs 유연함

MBTI 결과는 다양한 조합으로 16가지 유형을 도출하며, 각자 성향이 달라서 겹치지 않게 팀을 구성하면 다양한 사고와 역할이 조화를 이룰 수 있습니다.

예시 ENTJ 유형 해석

ENTJ 유형은 비전을 가지고 사람들을 이끄는 리더형 성향으로 알려져 있습니다.

항목	해석
E(외향)	사람들과 어울리며 에너지를 얻음
N(직관)	전체적 흐름을 파악하고 미래지향적 사고를 선호
T(사고)	감정보다 논리를 중시
J(판단)	계획적이고 결정에 있어 명확한 방향 설정을 선호

ENTJ 유형의 특징

- 결정력, 통솔력 뛰어남
- 조직 내에서 리더 역할을 잘 수행함
- 비효율적인 문제 해결에 적극적

ENTJ 유형의 인물에게 개선이 필요한 부분

- 타인의 의견에 경청하고 감정을 효과적으로 표현할 필요
- 의사결정 시 현실적인 세부 사항을 고려하는 훈련 필요

3) 우리 팀의 사고유형 알아보기

▶ 활동 방법

1. 팀원 전원이 Ned Herrmann 혹은 MBTI 검사 진행
2. 각자의 유형을 공유하고 요약
3. 우리 팀의 강점과 약점을 파악
4. 역할 분담 계획 수립(예 분석형 → 자료 조사 / 관계형 → 커뮤니케이션 담당)

> **정리** 다양한 사고유형을 이해하고 존중하는 것은 팀워크의 핵심입니다. 팀은 다양한 유형의 사람들이 각자 자신의 강점을 가지고 서로 협력하였을 때 효율적인 결과를 도출할 가능성이 높아집니다. 자신의 유형을 알고, 다른 유형의 사람들과 협력할 줄 아는 능력은 창의 설계 과정에서 큰 경쟁력이 됩니다.

4. Ned Herrmann의 두뇌 유형 모델 및 역량 키우기

Ned Herrmann의 전뇌 이론(Whole Brain Model)은 인간의 사고 유형을 네 가지로 구분합니다. 이 모델을 통해 자신의 주된 사고 유형을 파악할 수 있으며, 반대 유형의 사고방식도 훈련과 실천을 통해 강화할 수 있습니다.

다음은 각 사분면 사고를 연습하고 역량을 강화하기 위한 구체적인 학습 활동입니다.

1) A 사분면 사고를 연습하기 위한 학습법: 이성적, 분석적, 논리적, 비판적 성향 키우기

이 유형의 사고는 사실 중심적이고, 문제 해결에 있어 분석과 논리를 중시합니다. 이성적 사고력을 강화하려면 다음과 같은 활동을 시도해 보세요.

- 학습·업무·연구의 구체적 목표 설정하기
- 전혀 모르는 주제에 대한 정보 수집 및 분석
- 자주 사용하는 기계의 작동 원리 조사

- 고장 난 기기의 원인 진단 및 문제 해결 시도
- 현재 기술적 문제에 대한 전체적 분석 수행
- 최근의 결정들을 검토하고 논리적 타당성 분석
- 정치인의 정책을 분석하여 정견 비교하기
- 투자 계획 수립 및 재정 관리 시뮬레이션
- 체스와 같은 논리 퍼즐·게임에 도전하기
- 스프레드시트 등 분석용 소프트웨어 학습
- 그룹 토론 시 '악마의 변호인' 역할 맡기
- 영화·책·음악 등에 대한 논리적 비평 글쓰기

2) B 사분면 사고를 연습하기 위한 학습법: 계획적, 구조적, 조직적, 관리적 성향 키우기

이 유형은 질서와 계획, 실행 중심의 사고입니다. 조직적 사고력을 키우려면 아래의 활동을 실천해 보세요.

- 복잡한 조리법에 따라 요리 완성하기
- 계획을 세워 체계적으로 새로운 내용을 학습
- 프로젝트 단계를 세분화하여 기획 및 실행
- 설명서를 따라 조립식 가구나 기기 조립하기
- 개인 예산 계획 세우고 지출을 기록·관리
- 개인 자산 목록 작성 및 정리
- 문서 및 파일을 분류 시스템에 맞춰 정리
- 서랍, 장롱 등의 물건을 정돈하기
- 수집품(디스크, 사진 등) 정리 및 보관
- 카드 명세서 및 청구서 오류 점검
- 하루 시간 계획 세우고 정확히 지키기
- 제조 공장을 견학하여 생산 절차 이해하기
- 업무·학습의 목표 설정과 성취 관리
- 생산성 소프트웨어 활용 능력 향상

- 정견 분석, 투자 계획, 분석 소프트웨어 활용 등 A 사분면과 중복되는 활동도 조직적 측면에서 접근 가능

3) C 사분면 사고를 연습하기 위한 학습법: 외향적, 사교적, 협동적, 감성적 성향 키우기

이 사고 유형은 타인과의 관계, 감정 표현, 공동체 활동에 중점을 둡니다. 감성적·사회적 역량을 높이기 위한 활동은 다음과 같습니다.

- 대화 시 상대방의 말을 경청하는 연습
- 야외 팀 스포츠나 단체 활동에 참여
- 어린아이들과 함께 놀아보며 감성 교류
- 타인의 도움을 되새기며 감사 표현 실천
- 자원봉사 참여(예 보호소, 양로원, 환경 단체 등)
- 종교 활동이나 명상 등 정신세계 탐색
- 합창단, 중창단 등 음악 활동에 참여
- 새로운 과일·채소를 맛보고 허브 키우기
- 꽃을 키우고 외로운 이에게 선물해 보기
- 공간 분위기를 창의적으로 연출해 보기
- 의사소통 및 감정 표현 세미나 참여
- 가족을 위한 요리와 이벤트 기획
- 악기 연주 및 다양한 음악 장르 체험
- 감정 표현(눈물 등)을 자연스럽게 인정
- SNS를 통해 감정 공유 및 인간관계 확장

4) D 사분면 사고를 연습하기 위한 학습법: 직관적, 예술적, 창의적, 혁신적 성향 키우기

이 유형은 통찰력, 미래지향적 사고, 상상력과 창의성을 바탕으로 합니다. 창의적 역량을 개발하려면 아래 활동을 실천해 보세요.

- 문제를 전체 맥락에서 파악하는 연습
- 현재 경향 분석 및 미래 변화 방향 예측
- "만약 ~라면 어떻게 될까?" 질문 던지기
- 자유롭게 몽상하고 상상해 보기
- 학습 내용을 스케치로 정리
- 나만의 로고 혹은 웹페이지 디자인하기
- 브레인스토밍 주제를 정해 20가지 이상 아이디어 내기
- 예술적 감각이 담긴 건축 · 디자인 감상
- 레고 등 창의적 조립 완구로 놀이하기
- 연 만들기, 창작 동화 구현 등 창작 대회 참가
- 미식과 테이블 장식이 조화를 이루는 테마 만찬 시도
- 즉흥 산책, 드라이브를 통해 새로운 시각 찾기
- 수천 장의 사진 찍기 및 독창적 앵글 실험
- 2020년 · 2030년 · 2040년의 내 모습 상상하기
- 점토 · 물감 등 오감 자극 예술 활동 및 예술 수업 참여

정리

Herrmann의 두뇌 유형 모델은 특정 사고 유형을 타고난 것으로 보되, 다른 유형도 충분히 학습과 훈련을 통해 키울 수 있음을 강조합니다. 자신의 주된 유형을 파악하고 부족한 부분을 보완하는 활동을 통해 균형 잡힌 사고력과 창의적 문제해결 능력을 갖춘 인재로 성장하시기 바랍니다.

5. 팀 구성

1) 팀이란 무엇인가?

팀(Team)은 공동의 목표를 달성하기 위해 협력하는 사람들의 집단입니다.

특히 조직 내에서 특정한 과제를 수행하기 위해 임시로 구성되는 팀은 태스크포스

팀(Task Force Team, TFT)이라고 부르며, 다음과 같은 예시가 있습니다.

- 신상품 개발 TFT
- 기술 도입 TFT
- 무역 협상 TFT

이러한 팀은 문제 해결 또는 전략 수립을 위해 다양한 전문성을 가진 인원으로 구성됩니다.

2) 팀원의 구성과 역할

TFT를 구성하는 구성원들은 보통 서로 상호 보완적인 역량을 지닌 사람들이며, 다음과 같은 특징이 있습니다.

- 각자의 강점을 극대화하고
- 약점을 상호 보완하면서
- 공동의 목표를 향해 협력합니다.

팀원 각자는 자신의 전문성과 역할에 책임을 지며, 팀 전체가 유기적으로 움직일 수 있도록 돕습니다.

3) 팀워크의 중요성

팀워크란, 서로 다른 능력을 가진 구성원들이 각자의 역할을 수행하며 협력하는 행동을 말합니다. 이는 단순한 역할 분담을 넘어, 신뢰와 소통을 바탕으로 집단적 시너지(synergy)를 창출하는 핵심 요소입니다.

- 뛰어난 개인들이 모인 '드림팀'일지라도,
- 팀워크가 부족하다면 좋은 성과를 기대할 수 없습니다.

성공적인 팀은 개개인의 역량뿐 아니라, 그들이 어떻게 함께 협력하는지에 따라 결정됩니다.

6. 팀워크 빌드업

현대 스포츠에서 '드림팀'이라는 개념은 최고의 팀워크를 보여주는 상징적인 예입니다. 예를 들어, 발롱도르에서 2021년에 선정한 축구 역사상 최고의 드림팀에는 공격수로 브라질의 호나우두, 포르투갈의 크리스티아누 호날두, 아르헨티나의 리오넬 메시가 선정되었습니다. 공격형 미드필더에는 펠레와 마라도나, 수비형 미드필더에는 사비(스페인)와 마테우스(독일)가, 수비수로는 카푸(브라질), 말디니(이탈리아), 베켄바워(독일), 골키퍼로는 야신(러시아)이 이름을 올렸습니다.

농구에서도 1992년 바르셀로나 올림픽에 출전한 미국 대표팀은 '드림팀'의 대표적인 사례입니다. 매직 존슨(포인트가드), 마이클 조던(슈팅가드), 래리 버드(스몰포워드), 찰스 바클리(파워포워드), 패트릭 유잉(센터)이 포진한 이 팀은 뛰어난 개인 능력뿐만 아니라 탁월한 팀워크로 전설이 되었습니다.

이처럼, 아무리 개개인의 역량이 뛰어나더라도 팀워크가 뒷받침되지 않으면 좋은 성과를 낼 수 없습니다. 실제로 조직을 승리로 이끄는 힘의 25%는 개인의 실력이고, 나머지 75%는 팀워크라는 말이 있을 정도입니다.

1) 팀워크 빌드업 이론

팀워크를 효과적으로 구축하기 위한 이론으로는 *Lencioni Model*과 *Korn/Ferry* 연구소의 *T7 Model*이 대표적입니다. 이들 이론은 팀이 구성된 이후 조직력을 강화해 성과를 낼 수 있도록 돕습니다.

(1) Lencioni Model

Lencioni 모델은 다음과 같은 5단계 피라미드 구조로 팀워크를 설명합니다.

- 신뢰(Trust): 모든 팀워크의 기초는 상호 신뢰입니다. 팀의 약점을 솔직하게 드러내고, 이를 바탕으로 시너지를 만들어낼 수 있는 기반입니다.
- 갈등(Conflict): 신뢰가 형성된 팀에서는 갈등이 건설적인 역할을 합니다. 다양한 관점을 논의함으로써 더 나은 의사결정을 도출할 수 있습니다.
- 헌신(Commitment): 합의가 아닌 헌신을 이끌어 내는 것이 핵심입니다. 다양한 아이디어 중 하나가 선택되더라도, 팀원들은 그 배경을 이해하고 실행에 적극 참여합니다.

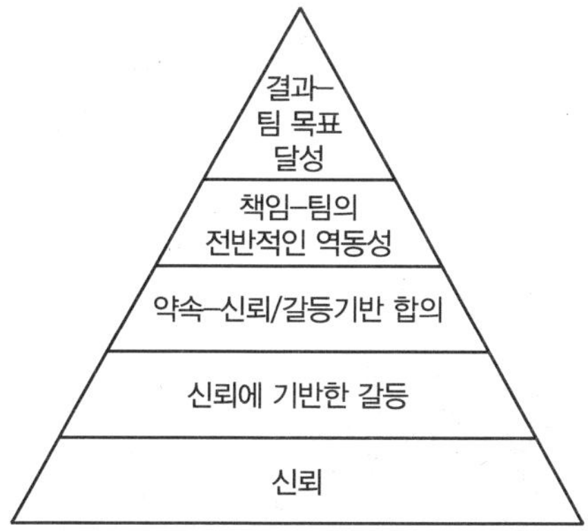

그림 3–2. Lencioni 팀워크 모델 피라미드

- 책임(Accountability): 팀 내에서 서로가 서로에게 책임을 묻는 문화가 정착되어야 합니다.
- 결과 지향(Result): 개인의 목표보다 팀의 공동 목표 달성을 우선시하는 태도가 중요합니다.

(2) T7 Model(Korn/Ferry 연구소)

Korn/Ferry 연구소는 팀워크 형성을 위한 내부 및 외부 요소를 다음과 같이 제시하며 이 일곱 가지(T7)가 잘 작동할 때 팀워크가 극대화될 수 있습니다.

① 내부 요인

- *Thrust*: 팀 목표에 대한 공통된 의지
- *Trust*: 팀원 간의 신뢰
- *Talent*: 팀원의 전문성과 기술
- *Teaming Skills*: 팀 운영 능력
- *Task Skills*: 과업 수행 능력

② 외부 요인

- *Team-Leader Fit*: 팀원과 리더 간의 조화
- *Team Support from the Organization*: 조직의 지원

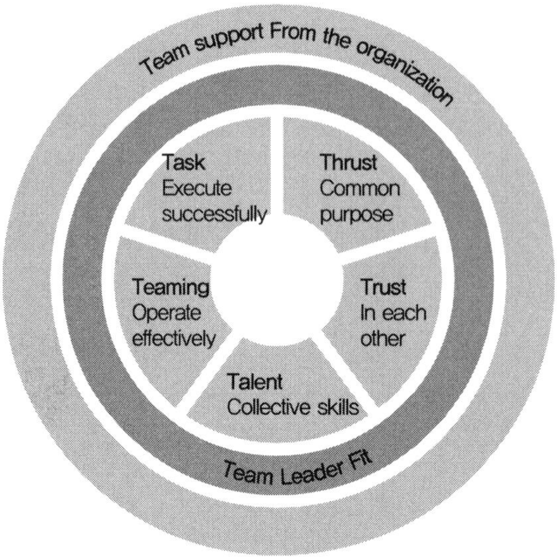

그림 3-3. The T7 model

2) 바람직한 팀과 조직 문화

팀은 생명체와 같은 유기체로, 상호작용과 신뢰를 통해 성장합니다. 팀 내에서는 수평적 소통이 강조되며, 조직과는 수직적 소통이 병행되어야 합니다. 바람직한 조직 문화는 상호 존중과 무한 신뢰를 바탕으로 형성되며, 이는 곧 '사람 경영'으로 연결됩니다. 결국, 일이란 사람이 하는 것이기 때문입니다.

3) 수평적 구조의 팀제 vs 수직적 구조의 전통 조직

구분	수직적 구조(과거 조직)	수평적 구조(팀제)
지시 체계	상급자의 지시 하달	공동 의사결정
책임	개인 책임	공동 책임
의사결정	상부 결정	팀 내 논의를 통한 결정

4) 팀제의 장단점

① 장점

- 다양한 전문성과 사고능력의 결합

- 창의적인 아이디어 도출 가능
- 공동 해결책에 대한 구성원의 높은 수용성
- 상호 학습 및 리더십 함양
- 참여 기반의 의사결정

② 단점

- 모든 과정에서 구성원의 참여 필요 → 시간과 자원 소요
- 많은 아이디어 중 일부만 채택되어 비효율 가능성
- 지나친 팀 동질성으로 인해 외부 팀과 융합 어려움

5) 팀 구성원의 바람직한 자세

- 긍정적 사고와 책임감
- 자발적 참여
- 맡은 일의 기한 내 완수
- 팀원의 의견 경청
- 팀원의 장점 인정
- 자신의 의견 명확히 표현
- 건설적인 피드백 수용

6) 팀 구성원의 역할과 책임

효과적인 팀 운영을 위해 구성원들은 다음과 같은 역할을 수행할 수 있습니다.

역할	주요 책임
팀 리더(Leader)	프로젝트 진행 관리, 회의 주재, 상급자와의 소통
기록자(Recorder)	회의 내용, 아이디어, 결정 사항 기록 및 공유
자료 수집자(Researcher)	필요한 정보 및 자료 수집
촉진자(Facilitator)	팀워크 향상, 갈등 조율, 분위기 조성
기타	설문 조사자, 발표자, 회계 담당자 등 필요에 따라 배정

7. 팀 회의 진행

팀 프로젝트를 성공적으로 이끌기 위해서는 효과적인 팀 운영이 필요합니다. 이를 위해 팀 구성원의 자세와 역할, 팀 구성 절차, 회의 진행 방식 등에 대한 이해가 필수적입니다.

1) 팀 구성원의 바람직한 자세

팀워크는 팀 구성원 개개인의 태도에서 비롯됩니다. 팀의 단합과 미션 달성을 위해, 팀 구성원은 다음과 같은 자세를 가져야 합니다.

- 긍정적인 사고와 책임감
- 자발적인 참여
- 맡은 일은 정해진 기한 내에 성실히 수행
- 팀원의 의견에 귀 기울이기
- 팀원의 장점을 인정하고 존중
- 자신의 의견을 명확하게 표현
- 피드백(충고)을 겸허히 주고받기

2) 팀 구성원의 자세와 역할

창의적 문제 해결을 위해서는 각자 자신의 분야에서 역량을 발휘하는 동시에, 팀 내 역할을 충실히 수행해야 합니다. 역할은 프로젝트 성격과 팀원 특성에 따라 탄력적으로 배정하며, 여러 역할을 한 명이 병행할 수도 있습니다. 팀 활동의 성패는 팀 구성원들의 성실한 참여와 충실한 역할 수행이 결정적으로 작용합니다.

3) 팀 구성 및 활동 절차

팀이 처음 구성되면 다음과 같은 절차를 거쳐 팀의 기본 틀을 세워야 합니다. 초기 팀 회의에서는 팀의 방향성과 활동 계획을 함께 수립하게 됩니다.

▶ 팀 구성 초기 회의의 주요 진행 순서

- 팀 구성원 소개 및 상호 이해
- 팀 이름(Naming) 선정
- 팀의 목표와 활동 방향 공유
- 역할 분담 및 업무 범위 설정
- 프로젝트 일정 수립 및 회의 일정 계획
- 커뮤니케이션 방식 결정(예 메신저, 공유 문서 등)

4) 팀 회의록 작성(예시)

팀의 회의는 단순한 대화가 아닌 공식적인 협의 절차입니다. 따라서 회의 결과는 문서로 정리되어야 하며, 이를 통해 팀원 간의 정보 공유와 외부 보고가 가능해집니다.

▶ 팀 회의록 예시 항목

- 회의 일시 및 장소
- 참석자 명단
- 회의 안건
- 논의 내용 요약
- 결정 사항 및 담당자
- 향후 일정 및 준비물
- 기타 공유사항

회의록은 구글 문서, 워드 등 디지털 도구를 활용해 팀원 모두가 열람 및 편집할 수 있도록 관리하는 것이 좋습니다.

정리

팀워크의 개념과 이를 효과적으로 구축하기 위한 이론, 그리고 팀의 운영 방법

- 팀: 공동의 목표 달성을 위해 협력하는 사람들의 집단
- 팀워크: 각 구성원이 역할과 책임을 다하며 상호 협력하여 목표를 이루는 행동
- 팀워크 빌드업: Lencioni 모델과 T7 모델을 통해 신뢰, 갈등, 헌신, 책임, 결과 중심의 팀 문화를 이해
- 팀 구성원으로서의 바람직한 자세, 역할 분담, 팀 구성 절차 및 회의 방식 등을 통해 실제 프로젝트 수행에 필요한 실천적 지식 이해.

연습문제

1 객관식 토끼와 거북이의 승리전략에 해당하지 않는 것은? (　　)

① 천천히 그리고 꾸준히 하면 경주에서 승리한다.

② 천천히 그리고 꾸준해야 좋지만, 빠르게 안정적이라면 더 좋다.

③ 먼저 핵심 역량을 파악하고, 나의 핵심 역량에 맞는 유리한 쪽에서 경기하면 이긴다.

④ 몸집이나 세력이 클수록 이긴다.

2 OX문제 Ned Hermann의 두뇌 우성 모형이나 MBTI는 개개인의 성향을 정확하게 파악하게 해준다. (　　)

3 주관식 팀이란 무엇인가?

(　　　　　　　　　　　　　　　　　　　　　　　　　　　　)

4장

소통의 원칙

1. 자존감(Self-Esteem)
2. 자존감을 높이는 방법과 팀워크 속 소통 원칙
3. 자존감과 자존심
4. 소통(Communication)의 미학 - '나와 다름을 인정하라'
5. 소통의 원칙

1. 자존감(Self-Esteem)

1) 왜 자존감이 중요한가?

몇 해 전, KAIST에서는 6년 동안 11명의 학생이 극단적인 선택을 했다는 안타까운 소식이 전해졌습니다. 이에 따라 화장실 벽면에 "내가 힘들 땐 상담센터로"라는 문구가 붙기도 했습니다. 또한, 대중에게 사랑받던 유명 연예인들이 극심한 우울증 끝에 세상을 떠났다는 뉴스도 종종 접하게 됩니다. 공부, 외모, 재능 등 남들이 부러워할 만한 조건을 가진 이들이 왜 그런 선택을 했을까요?

통계에 따르면, 대한민국의 자살률은 경제협력개발기구(OECD) 국가 중 1위를 기록하고 있으며, 특히 10대부터 30대까지의 사망 원인 1위가 자살입니다. 우리나라는 인구 10만 명당 자살 사망자 수가 OECD 평균의 두 배가 넘는 심각한 수준입니다.

이처럼 극단적인 선택의 이면에는 **소통의 단절**이 자리하고 있습니다. 타인과의 소통이 단절되었거나, 심지어 자기 자신과도 소통하지 못한 채 외로움 속에서 고통받았던 것입니다. 만약 그들에게 진심 어린 대화를 나눌 수 있는 단 한 사람만 있었더라도, 결과는 달라졌을 수 있습니다. **우리는 오직 한 번뿐인 인생을 살아갑니다.** 세상에 단 하나뿐인 자신을 스스로 사랑하고 존중하지 않는다면, 그 누구도 대신해 줄 수 없습니다. 나 자신을 소중히 여기고 아끼는 마음, 그것이 바로 '자존감'입니다.

자존감(self-esteem)이란, 자신이 사랑받을 가치가 있는 소중한 존재임을 인식하고, 어떤 일이든 해낼 수 있다는 자신감을 가지는 마음입니다. 하지만 우리는 정작 자존감을 어떻게 키워야 하는지, 자존감이 왜 중요한지에 대해 교육받은 적이 거의 없습니다. 이 수업에서는 자존감에 대한 이해를 바탕으로 자신과의 건강한 소통 방법을 함께 고민해 봅시다.

2) 자존감이란 무엇인가?

심리학자 나다니엘 브랜든(Nathaniel Branden)은 자존감을 다음과 같이 정의합니다. "자존감이란, 내가 인생의 도전에 맞서 이겨낼 능력이 있으며, 행복을 누릴 가치가 있다고 믿는 내적 경향성이다." 그는 자존감을 구성하는 두 가지 핵심 요소로 자아 존중감(self-respect)과 자기 유능감(self-efficacy)을 제시합니다.

① **자아 존중감(Self-Respect)**: 자신이 행복을 누릴 가치가 있다고 믿고, 스스로를 소중히 여기는 태도입니다. 자신의 존재 자체에 대해 확신을 가지고 긍정적으로 받아들이는 것입니다.

② **자기 유능감(Self-Efficacy)**: 자신이 어떤 상황에서도 능동적으로 대처하고, 목표를 이룰 수 있다는 믿음을 말합니다. 이는 주로 경험과 성취를 통해 형성되며, 도전과 성공을 반복하면서 강화됩니다.

이 두 가지가 균형 있게 발달할 때, 우리는 진정한 자존감을 가질 수 있습니다.

▶ 자존감이 높은 사람의 특징

- 합리적이고 주도적인 의사결정을 할 수 있다.
- 부정적인 감정을 효과적으로 조절하고 극복할 수 있다.
- 실수나 실패를 성장의 과정으로 받아들인다.
- 자기 효능감이 높아 도전에 적극적이다.

▶ 자존감이 낮은 사람의 특징

- 우울, 불안, 열등감, 분노 등의 감정에 자주 노출된다.
- 자신의 가치를 타인과의 비교로 판단한다.
- 의사결정에서 소극적이며 주체성이 부족하다.
- 실패나 비판에 쉽게 좌절한다.

구분	자존감이 높은 상태	자존감이 낮은 상태
자기 인식	나는 소중한 존재다.	나는 별로 쓸모없는 사람이다.
태도	도전적, 적극적	회피적, 소극적
감정 조절	감정을 이해하고 다룬다.	감정에 휘둘리거나 억제한다.
대인 관계	건강한 관계를 유지	타인에게 의존하거나 불신함
의사결정	자율적, 책임감 있음	주체성 결여, 결정 회피

다음은 자존감을 어떻게 높일 수 있는지, 그리고 팀워크 속에서 자존감을 지켜주는 소통의 원칙에 대해 알아보겠습니다.

2. 자존감을 높이는 방법과 팀워크 속 소통 원칙

1) 자존감을 높이는 방법

자존감은 어떻게 높일 수 있을까요? 진정한 자존감은 단순히 "너는 소중한 사람이야"라는 말을 듣거나 스스로에게 그렇게 말한다고 해서 갑자기 높아지지 않습니다. 자존감은 자신을 존중하는 마음과 스스로의 유능함에 대한 확신이 결합할 때 비로소 성장합니다. 자신을 사랑하고 존중하는 마음은 작은 성공 경험을 자주 반복함으로써 자라납니다. 예를 들어, 어릴 적 그림 그리기, 글쓰기, 피아노 배우기 등 다양한 활동을 통해 아이들은 성취감을 경험합니다. 이런 성공 경험은 "나는 그림을 잘 그려", "나는 태권도를 잘해"라는 긍정적인 자기 인식을 형성하게 하고, 자존감을 높이는 데 큰 역할을 합니다. 이러한 경험은 평생 마음의 회복탄력성(resilience)을 높이는 기반이 되며, 사회적 관계에서도 긍정적인 영향을 줍니다.

일상에서 칭찬을 많이 받고 격려받은 사람은 소통에도 능합니다. 반대로 범죄자나 사회적 문제 행동을 보이는 이들은 어릴 적 사랑과 소통의 기회를 충분히 얻지 못한 경우가 많습니다. 주변의 아이들에게 따뜻한 말과 관심을 보여주는 행동은 사회 전체의 자존감과 심리적 건강을 높이는데 이바지합니다.

▶ 성공 사이클 vs. 실패 사이클

세상에는 두 가지 사이클이 있습니다. 바로 성공 사이클과 실패 사이클(악마의 사이클)입니다.

- 성공 사이클은 다음과 같은 흐름을 가집니다.

  꿈을 가진다. → 동기와 의욕이 생긴다. → 목표를 세우고 실행한다. → 성취감과 만족감을 얻는다. → 자신감이 생긴다. → 더 큰 꿈을 향해 도전한다.

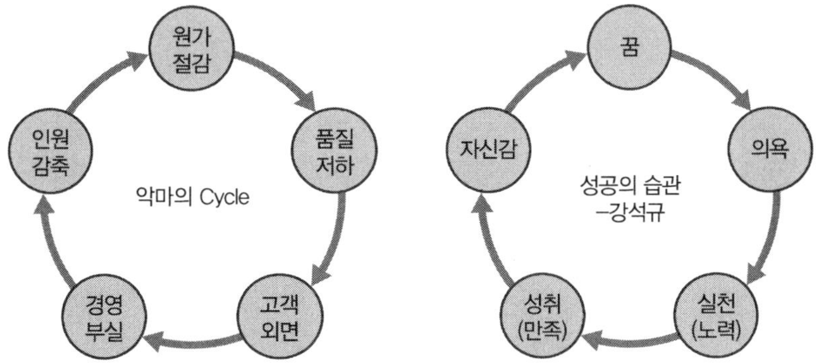

그림 4-1. 실패 Cycle(악마의 Cycle)과 성공 Cycle

작은 목표부터 시작하여 성공 경험을 쌓는 것이 중요합니다. 예를 들어, 독서를 통한 성공 경험을 원한다면 하루 20페이지 읽기처럼 작고 구체적인 목표를 세우고 실천하는 것이 좋습니다. 성공은 성취감을 주고, 이 성취감이 자신감으로 이어지며 더 큰 목표로 나아가게 합니다.

- 실패 사이클(악마의 사이클)은 다음과 같이 전개됩니다.

  경영 악화 → 구조조정과 인력 감축 → 품질 저하 → 고객 이탈 → 매출 감소 → 재정 위기 악화 → 조직 해체

  이 사이클은 경영뿐 아니라 개인의 삶에도 적용됩니다. 반복된 실패 경험은 자존감을 떨어뜨리고, 새로운 도전에 대한 두려움과 회피로 이어질 수 있습니다. 결국 자존감은 스스로의 소중함을 인정하고, 작은 성공을 반복적으로 경험하며 '나는 유능하다'라는 감정을 키울 때 높아집니다.

2) 소통과 공동체 속 자존감

자존감은 혼자만의 노력으로 완성되기 어렵습니다. 사람은 본능적으로 인정받고 사랑받고 싶어 합니다. 가족, 친구, 선생님, 직장 동료와의 관계에서 듣는 인정과 격려의 말은 자존감을 크게 높이는 요소입니다. 반면, 다른 사람과 자신을 비교하거나 비교당하는 환경은 자존감에 상처를 줍니다. 우리가 소속된 가정, 학교, 직장, 동아리, 교회 등의 공동체는 자존감과 밀접한 관련이 있으며, 이 속에서의 상호작용이 자존감을 지키는 기반이 됩니다. 물론 자존감은 타인의 인정만으로 키워지지 않습니니

다. 스스로 타인의 시선이나 평가에 휘둘리지 않는 연습을 하며 건강한 자아를 만들어가는 노력도 필요합니다. 그러나 타인과 끊임없는 소통 속에서야 비로소 공동체 내 자존감을 지킬 수 있습니다.

3) 팀워크 속 자존감과 소통의 원칙

팀플레이 안에서도 자존감을 지키고 건강한 팀워크를 만들어가는 방법은 매우 중요합니다. 먼저, 자기 자신을 사랑하고, 스스로의 불완전함을 인정하며 자존감을 높이기 위한 노력을 지속해야 합니다. 브레네 브라운(Brene Brown)은『나는 불완전한 나를 사랑한다』에서, 자기 자신을 솔직하게 인정하고 드러낼 수 있는 용기를 가진 사람이야말로 진정 자존감이 높은 사람이라고 말합니다. 자존감이 낮은 사람은 자신의 불완전함을 인정하지 않거나 숨기려 합니다. 그러나 진정한 공동체는 각자의 부족함을 인정하고 도우며 함께 성장하는 공간입니다. 교사도, 학생도 서로의 불완전함을 있는 그대로 받아들일 수 있어야 진정한 팀워크가 이루어질 수 있습니다.

또한 다음과 같은 팀 분위기를 형성하는 것이 중요합니다.

- 서로를 비교하지 않고 차이를 존중하는 문화
- 실수를 비난하지 않고 허용하며 실패를 통해 배우는 환경
- 각자의 장점을 발견하고 인정하는 태도
- 작은 성공도 함께 기뻐하고 축하하는 분위기

이러한 상호작용은 개인에게 친밀한 소속감을 주며, 공동체 내에서 자립성과 존중을 바탕으로 한 긍정적인 관계를 형성할 수 있도록 합니다.

4) 실천 사항: 팀워크 빌드업을 위한 약속

건강한 팀워크를 위해 다음과 같은 실천 사항을 팀원들과 함께 정해보세요.

✓ 팀원의 생각과 감정을 존중하고 수용하기

✓ 약점보다 강점에 주목하며 긍정적인 피드백 주기

✓ 다양성을 인정하고 존중하기

✓ 실수를 허용하고 도전을 격려하는 분위기 조성하기

✓ 스스로 문제를 해결하도록 격려하고 지지하며 성취 경험 제공하기

이러한 소통 원칙과 실천이 반복되면, 개인의 자존감은 물론 팀 전체의 역량도 함께 성장할 수 있습니다.

3. 자존감과 자존심

자존감과 비슷한 개념으로 자주 혼용되는 용어 중 하나가 자존심입니다. 자존심은 영어로 Pride라고 하며, 사전적 의미는 남에게 굽히지 않고 자신의 품위를 스스로 지키는 마음을 뜻합니다. 심리학적으로는 자기 자신에 대해 일반화된 긍정적인 태도로 정의되기도 합니다. 하지만 자존심은 외부의 시선과 비교를 전제로 형성되는 감정입니다. 즉, 내면에서 우러나오는 것이 아니라 주변 사람들과의 관계나 비교 속에서 만들어집니다. 그래서 자존심은 자신보다 뛰어난 사람을 만나면 쉽게 낮아지고, 반대로 자신보다 부족하다고 느끼는 사람을 만나면 우쭐해지는 경향이 있습니다.

예를 들어, 어떤 학생이 수학 시험에서 95점을 받았다고 가정해 봅시다. 이 점수는 절대적으로 매우 높은 점수입니다. 그러나 자존심이 강한 사람은 이 점수를 절대적인 기준이 아니라, 타인과의 비교를 통해 평가합니다. 만약 경쟁자인 다른 학생이 98점을 받았다면, 자신의 95점을 부끄럽게 여기거나 자존심이 상할 수 있습니다. 반면, 경쟁자가 90점을 받았다면 우쭐해지고 만족감을 느낄 수 있습니다. 이처럼 자존심은 객관적인 사실보다는 주관적인 비교 판단에 의존합니다. 반면, 자존감은 시선이 외부가 아니라 자기 내면을 향해 있는 감정입니다. 자존감이 높은 사람은 상대가 98점을 받았더라도 자신의 95점에 대해 “나는 잘했어, 이 정도면 충분해”라고 긍정적인 평가를 내릴 수 있습니다. 반대로 상대가 90점을 받았다고 해도 우쭐해하지 않고, 자신의 성취에 대해 내적인 기준으로 자부심을 느낍니다.

자존심과 자존감의 핵심적인 차이는 바로 시선의 방향에 있습니다.

- 자존심은 '남들이 나를 어떻게 보는가?'에 민감하게 반응합니다.
- 자존감은 '내가 나 자신을 어떻게 바라보는가?'를 중심으로 형성됩니다.

따라서 자존감이 높은 사람은 타인의 평가나 시선에 쉽게 흔들리지 않고, 있는 그대로의 자신을 사랑하고 존중할 수 있습니다. 반면, 자존심은 높지만, 자존감이 낮은 사람은 타인의 인정이나 평가를 통해 자신의 존재 가치를 확인하려는 경향이 강합니다. 이런 경우, 누군가 자신의 결점을 지적하거나 조언을 해줄 때 쉽게 자존심이 상하고 감정적으로 반응할 수 있습니다. 물론, 일정 수준의 자존심은 자기방어를 위해 필요할 수 있습니다. 하지만 팀워크와 협업이 중요한 창의 설계 과정에서는 자존심보다 자존감을 키우는 데 집중하는 것이 바람직합니다.

사례 박스 **자존심 vs 자존감의 차이**

상황 A: 팀 과제 발표 후, 교수님이 다른 팀을 칭찬하고 내 팀에는 조언을 해주었다.

- 자존심이 앞선 경우: "왜 우리 팀은 칭찬을 못 받았지? 우리도 열심히 했는데…" 기분이 상하고 불쾌함을 느낀다.
- 자존감이 앞선 경우: "좋은 피드백이네. 다음 발표 때 더 발전할 수 있겠어." 조언을 성장의 기회로 삼는다.

활동 질문

1. **최근 내가 자존심이 상했던 상황**이 있었나요? 그때 나는 어떤 감정을 느꼈고, 왜 그런 반응이 나왔을까요?
2. **내가 자존감을 느꼈던 경험**은 무엇인가요? 외부 비교 없이 스스로 만족스러웠던 순간을 떠올려 보세요.
3. 팀 활동 중에 팀원들과의 비교로 인해 기분이 흔들린 적이 있었나요? 그때 자존감을 지킬 수 있었던 방법은 무엇이었을까요?
4. 앞으로 팀 프로젝트에서 **팀원들의 자존감을 높여줄 수 있는 말이나 행동**은 무엇이 있을까요?

> **정리**
>
> 팀 프로젝트나 협업 활동에서 중요한 것은 서로의 자존감을 지켜주는 소통입니다. 서로의 다름을 인정하고 다양성을 존중하는 분위기를 조성할 때, 팀원 모두가 자존감을 유지하고 건강한 팀워크를 빌드업할 수 있습니다.
> 창의 설계 활동은 혼자가 아니라 팀과 함께하는 여정입니다. 서로의 자존심을 건드리기보다는, 자존감을 존중하고 북돋아 주는 소통이 팀워크를 성장시키는 열쇠입니다. 상대를 비교하거나 평가하기보다, 있는 그대로의 다양성을 존중하며 함께 성장하는 자세를 가져봅시다.

4. 소통(Communication)의 미학 – '나와 다름을 인정하라'

소통의 시작은 상대가 '나와 다름'을 인정하는 데서 출발합니다. 생각, 문화, 언어, 시간에 대한 감각까지도 사람마다, 사회마다 다를 수 있습니다. 이런 차이를 이해하고 받아들일 때 비로소 진정한 커뮤니케이션이 가능해집니다.

1) 조지 W. 부시 대통령과 오사마 빈 라덴이 대화한다면? – 문화적 거리감

2001년 9월 11일, 알카에다의 자살 테러로 미국 뉴욕의 세계무역센터가 붕괴되고 수천 명이 희생된 9.11 테러는 세계를 충격에 빠뜨렸습니다. 이후 미국은 아프가니스탄을 침공하고, 10년에 걸쳐 오사마 빈 라덴을 추적해 사살했습니다. 이 사건은 협상과 소통이 단절되었을 때 어떤 비극이 일어나는지를 보여주는 대표적인 사례입니다.

만약 9.11 테러 이전에 부시 대통령과 빈 라덴이 유엔의 중재로 대화의 자리에 마주 앉았더라면 어땠을까요? 여기서 주목할 점은 문화적 차이에 따른 공간 인식입니다.

- 미국인(부시): 편안한 대화거리는 약 1~1.5m. 이보다 가까우면 내 공간에 선을 넘었다는 식의 불편함을 느낍니다. 또 너무 멀면 내 말이 잘 전달되지 않는다고 생각할 수도 있습니다.
- 아랍인(빈 라덴): 약 30~60cm를 선호. 가까운 거리를 몰입과 신뢰의 표현으로 여깁니다.

이처럼 두 사람이 대화하면 한 사람은 가까이 다가가고, 다른 한 사람은 멀어지려

하며 자연스럽게 움직이는 모습이 연출될 것입니다. 단순한 거리감의 차이가 소통을 가로막는 장벽이 될 수 있음을 보여줍니다.

2) 기다림과 감정 변화 - 시간에 대한 문화적 감각

이번에는 시간 인식의 차이를 통해 소통의 맥락을 살펴봅시다. 친구를 핸드폰 없이 약속 장소에서 기다리는 상황을 상상해 보시고 시간이 지나감에 따른 감정의 변화를 상상해 봅시다.

- 30분: 대부분 참고 기다립니다.
- 30분~1시간: 화가 납니다. 상대방을 비난하거나, 손해 보았다는 생각이 듭니다.
- 1시간 이후: 걱정이 앞섭니다. 무슨 일이 생겼을까 생각하게 됩니다.
- 더 지나 2시간 정도 지나면: 체념하게 됩니다. '그냥 다음에 보자'라는 마음이 듭니다.

이러한 시간 변화에 따른 감정의 흐름, 이해(allow) → 화(angry) → 걱정(worry) → 체념(give up)의 감정 변화는 문화권에 따라 다릅니다.

- 인도인: 감정 변화 주기가 2~3배 느립니다. 몇 시간 늦어도 화를 내지 않습니다.
- 네팔인: 하루 정도는 늦어도 자연스럽게 받아들입니다.
- 아몬다와 족(아마존 원주민): 시간 개념 자체가 없으며, 시계나 달력 없이 살아갑니다.

이처럼 시간에 대한 감각조차 다르다는 사실은, 우리가 '상식'이라고 여기는 기준이 절대적이지 않음을 알려줍니다. 소통의 기반은 이러한 차이를 인식하고 수용하는 것입니다.

3) "말이 안 통해요" - 이혼 사유로 보는 소통의 실패

많은 부부가 '성격 차이', 즉 소통의 어려움을 이유로 이혼합니다. 이는 단순히 서로 '틀린 것'이 아니라 '다른 것'을 이해하지 못해서 생기는 문제입니다. 예를 들어, 한 여성이 미용실에 다녀온 뒤 "나 머리 이상하지?"라고 말한다면, 진짜 바라는 대답은 "예쁘다"라는 확인과 공감입니다. 그러나 이를 문자 그대로 받아들여 "이상하네"라고 대답하면 갈등이 생깁니다.

우리는 같은 언어를 쓰더라도 해석과 맥락은 다를 수 있습니다. 그러므로 상대방의 처지에서 의미를 파악하려는 태도가 소통의 시작입니다.

결론: 다름을 인정할 때 비로소 소통이 시작된다.

문화적 차이(공간, 시간), 감정의 흐름, 표현 방식 등에서 사람들은 서로 다릅니다. 이 다름을 '틀림'이 아니라 '특성'으로 받아들여야 합니다.

너는 틀리고 나는 옳다가 아니라, "너는 다르기 때문에 그렇게 말하는구나"라고 이해하는 것, 그것이 소통의 미학입니다.

5. 소통의 원칙

– 나와 다름을 인정하는 데서 출발하는 효과적인 커뮤니케이션

'사람은 사회적 동물이다'라는 말처럼, 우리는 다양한 사람들과의 관계를 통해 자존감을 형성하고 성장합니다. 하지만 실제로 많은 사람이 주변 사람과의 소통에 어려움을 겪습니다. 이는 효과적으로 소통하는 방법을 학습할 기회가 부족했기 때문입니다. 여기서는 상호 이해와 협력을 위한 다섯 가지 소통 원칙을 살펴보고, 각 원칙이 실생활 및 팀 프로젝트에서 어떻게 적용될 수 있는지를 생각해 봅니다.

① 명료성(Clarity)

소통의 기본은 의미를 명확히 전달하는 것입니다. 불필요하게 모호하거나 장황한 표현은 오해를 불러옵니다.

- 5W1H(누가, 언제, 어디서, 무엇을, 어떻게, 왜)의 틀을 활용해 메시지를 정리하고, 덜 채워진 정보는 질문을 통해 보완합니다.

- 상대방의 말도 이 틀에 맞춰 요약하며 들으면 이해도와 집중력이 높아집니다.
- 이 방식은 영어 지문 독해, 기술문서 분석, 실험 보고서 작성 등 다양한 분야에서 응용할 수 있습니다.

> **실습 팁** | 실험 계획서나 설계 보고서를 작성할 때, 5W1H 형식으로 개요를 정리해 보세요.

명료하게 이야기하고 듣는 것

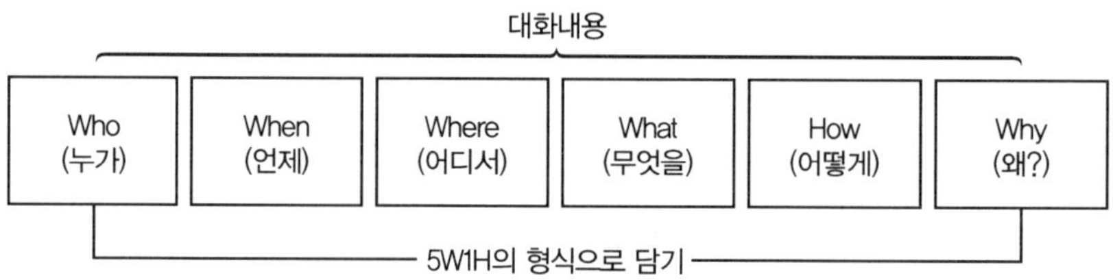

그림 4-2. 소통의 원칙

② 적시성(Timeliness)

아무리 좋은 말도 타이밍을 놓치면 공감을 얻기 어렵습니다.

- 말할 내용뿐 아니라, 언제 어떻게 말하는지가 소통의 질을 좌우합니다.
- 상대의 감정 상태, 상황의 흐름을 읽고 대화에 들어가는 감각이 중요합니다.
- 실험실 상황이나 팀 미팅에서 문제가 생겼을 때, 바로 피드백을 주는 것과 며칠 후에 지적하는 것은 큰 차이를 만듭니다.

상황 예시 팀원이 실수했을 때 즉시 "괜찮아, 다음엔 이렇게 해보자"라고 말하는 것과, 프로젝트가 끝난 뒤에 말하는 것은 전혀 다른 반응을 이끌어 냅니다.

③ 일관성(Consistency)

의사소통은 주제에 집중하고, 일관된 흐름을 유지할 때 신뢰를 얻습니다.

- 대화 중 자주 주제를 바꾸거나 본인의 관심사로 몰고 가는 경우, 상대방은 피로감을 느낍니다.

- 상대방의 눈을 바라보고, 말을 들으며 호응하는 태도는 집중력과 신뢰감을 줍니다.
- 실험 중 토론할 때나 발표 후 질의응답 시간에는 특히 핵심에서 벗어나지 않는 자세가 필요합니다.

실험 토론 활동 각 조의 실험 결과 발표 시, 다른 조가 질문한 내용을 주제에서 벗어나지 않고 명확히 응답하는 연습을 해보세요.

④ 분배성(Balance)

좋은 대화는 한 사람이 독점하지 않고, 서로 말할 기회를 얻는 것에서 시작됩니다.

- 상대방이 말할 기회를 끝까지 보장해 주는 태도는 '존중받고 있다'라는 느낌을 줍니다.
- 듣는 동안에는 긍정적인 피드백 표현을 활용하세요: "좋은 의견이에요", "그렇게 볼 수도 있겠네요."
- 말할 때는 적절한 거리 유지, 불쾌감을 주지 않는 표현이 중요합니다.
- 특히 팀 활동 중 의견이 부딪칠 때, 논리보다 태도가 더 중요한 상황도 많습니다.

소통 거리 실험과 연결 대화 시 거리와 눈 맞춤, 경청 태도에 따라 상대방이 얼마나 심리적 안정감을 느끼는지 경험해 봤을 것입니다. 이 경험을 실제 설계팀 활동에 적용해 보세요.

⑤ 공통성(Common Ground)

원활한 소통은 공통의 관심사와 정서적 공감대 위에서 이루어집니다.

- 너무 개인적인 이야기, 민감한 이슈는 때때로 방어적인 반응을 유발할 수 있습니다.
- 가능하면 모두가 이해하고 공감할 수 있는 공통의 목표, 문제, 상황을 중심으로 소통을 유도하세요.
- 예를 들어, 실험 설계 시 "이게 누구 아이디어냐"가 아니라 "이 방법이 과연 실험 조건에 맞는가?"라는 접근이 바람직합니다.

핵심 요약

원칙	설명
명료성	5W1H로 정리하고 요약하며 듣는다
적시성	상황에 맞는 타이밍과 감정 읽기
일관성	주제를 유지하며 집중 태도 유지
분배성	말할 기회와 경청 태도의 균형
공통성	모두가 공감할 수 있는 주제 설정

이 다섯 가지 원칙은 기술적 협업이 필수적인 화학공학 분야에서 매우 중요한 소통 역량의 핵심입니다. 다니엘 골먼(Daniel Goleman)은 “공감과 이해는 타인과 조화로운 관계를 맺기 위한 핵심 사회성”이라고 강조했습니다. 결국 소통의 출발은 ‘다름’을 인정하고 이해하는 태도에서 시작됩니다.

연습문제

1 객관식 자존감에 대한 설명에 해당하지 않는 것은? (　　)

① 자존감은 주변과의 비교를 통한 주관적인 판단에 의존합니다.

② 자존감의 시선은 '내 안'을 향하고 있다.

③ 주변 사람들과 끊임없이 소통해야 공동체 속에서의 자존감이 지켜질 수 있다.

④ 누군가를 격려해 주고 사랑을 준다면 우리 사회의 건강 지수, 자존감 지수 상승에 이바지하는 것이다.

2 OX 문제 자존감을 구성하는 두 가지 핵심 개념으로 자아 존중감과 자기 유능감이 있다. (　　)

3 주관식 '기다릴 때의 감정 변화'에서 알게 되는 시간 흐름에 따른 감정의 변화를 정리하여 보아라.

(　　　　　　　　　　　　　　　　　　　　　　　　　　　　　　)

5장

효과적인 소통 1:
경청하기와 기록하기

1. 효과적인 소통 ①: 경청하기
2. 효과적 대화 유도를 위한 경청 기법
3. 효과적인 소통 ②: 기록하기
4. 효과적인 소통 ③: 기술보고서 쓰기

이번 시간에는 소통의 핵심인 '경청'과 '기록하기'에 대해 학습합니다. 공자, 이건희 회장, 스티브 잡스, 세종대왕 등 위인들의 사례를 통해 경청의 중요성을 이해하고, '잘 듣기'를 위한 실질적인 10가지 경청 기술을 익히게 됩니다. 또한 글쓰기를 통한 소통 능력 향상의 중요성과 기술보고서 작성의 기초도 함께 배웁니다. 비트겐슈타인은 "내 언어의 한계는 내 세계의 한계를 의미한다"라고 말했습니다. 우리가 소통할 수 있는 폭은 곧 사고의 폭이기도 하며, 듣고 쓰는 능력은 더 넓고 깊은 사고를 가능하게 해줍니다.

1. 효과적인 소통 ①: 경청하기

▶ 경청의 철학적 배경과 역사적 사례

- 공자는 60세에 이르러 "귀가 순해졌다(이순)"라고 말했습니다. 이는 모든 말을 감정 없이 객관적으로 듣고 이해하게 된 경지를 뜻합니다. 젊을 때 청력은 좋지만, 진정한 경청은 나이가 들어서야 가능하다는 말처럼 경청은 훈련이 필요한 능력입니다.
- 이병철 회장은 아들 이건희에게 삼성 입사 첫날 '경청'이라는 휘호를 주었습니다. 이건희 회장은 이를 평생 좌우명으로 삼고 스스로 '잘 듣고 있는가?'를 늘 되묻고 실천했습니다.
- 스티브 잡스는 초기에는 고집이 세고 타인의 말을 무시하던 리더였습니다. 그러나 애플에서 쫓겨난 경험 후, 복귀한 그는 스스로를 "CLO(Chief Listening Officer, 최고 경청 책임자)"라 부르기를 원했습니다. 듣는 리더십으로 변모한 잡스는 경청의 중요성을 실천했습니다.
- 세종대왕은 위대한 언어 창제자이기 이전에 경청의 리더였습니다. 백성과 신하의 말을 낮은 자세로 경청했기에 훈민정음을 만들고 존경받는 군주가 될 수 있었습니다.

2. 효과적 대화 유도를 위한 경청 기법

스티븐 로빈스의 이론에 기반하여 효과적인 경청을 위한 10가지 실천 기술을 소개합니다. 이 기법들을 습관화하면 소통 능력이 비약적으로 향상됩니다.

1. 눈 맞춤을 해라

   시선을 피하는 것은 무관심이나 오만으로 해석될 수 있습니다. 눈을 맞추는 것은 기본적인 관심 표현입니다.

2. 긍정적인 고개 끄덕임과 표정

   고개를 끄덕이고 적절한 표정을 지으며 반응하면, 화자는 당신이 진심으로 듣고 있다고 느낍니다.

3. 산만한 행동을 피하라

   시계 보기, 종이 넘기기 등은 무관심의 신호입니다. 전적으로 대화에 집중하세요.

4. 질문하라

   핵심 내용을 더 깊이 이해하려면 질문을 활용하세요. 5W1H 방식으로 빈 부분을 채우는 것도 효과적입니다.

5. 재진술하라

   "내가 이해한 바는…"과 같이 자신의 말로 내용을 요약하면 상호 이해의 정확성을 높일 수 있습니다.

6. 말 끊지 마라

   화자의 말을 끝까지 듣고 반응하세요. 중간에 끼어들면 경청하지 않는 인상을 줄 수 있습니다.

7. 과도하게 말하지 마라

   말이 많으면 듣는 데 집중할 수 없습니다. 말보다 듣는 자세가 중요합니다.

8. 자연스럽게 역할을 바꾸라

   대화 중 청자에서 화자로, 화자에서 청자로의 전환을 부드럽고 자연스럽게 하세요.

9. 역지사지의 자세로 들어라

상대의 처지에서 생각해 보면 왜 그런 말을 하는지 이해하기 쉬워집니다.

10. 공감적으로 이해하라(Under + Stand)

경청은 상대보다 한 걸음 낮은 위치에 서는 자세입니다. 진정한 경청은 이해와 공감을 동반합니다.

▶ 경청의 8단계

사람은 듣고 있는 것처럼 보여도, 실제로는 다음과 같은 8단계의 경청 수준을 오갈 수 있습니다.

1. 무관심(거의 듣지 않음)
2. 겉핥기식 듣기
3. 선택적 듣기
4. 의례적 반응
5. 시각적 집중 포함
6. 주제 파악
7. 내용 요약 가능
8. 공감적 이해(최고 수준)

이 중 상위 단계로 갈수록 이해도와 공감력이 올라갑니다. 특히 5W1H 프레임을 활용하여 이야기를 구조적으로 듣는 연습을 추천합니다.

정리

경청은 타인의 말을 그저 듣는 것이 아니라 이해하고 공감하는 과정입니다.
공자, 세종, 잡스, 이건희 등 위인들이 경청의 리더십을 강조한 이유는, 바로 좋은 청자는 신뢰받고 존경받는 사람이기 때문입니다.
이번 주 학습을 통해, 여러분도 경청의 기술을 익혀 화학공학적 문제 해결과 팀 소통에 있어 성공적인 설계자로 성장하길 바랍니다.

3. 효과적인 소통 ②: 기록하기

1) 인류의 3대 사과(apple) + α

인류 역사 속에서 유명한 '3대 사과'는 무엇일까요? 과거에는 이 질문에 대해 다음 세 가지를 꼽았습니다.

- 아담과 이브의 '선악과'
- 빌헬름 텔이 아들의 머리 위에서 활로 맞춘 '정의의 사과'
- 뉴턴이 만유인력의 힌트를 얻은 '과학의 사과'

그런데 요즘에는 많은 사람들이 이 세 가지보다 먼저 '애플의 아이폰'을 떠올립니다. 이제는 '4대 사과'로 질문을 바꿔야겠다는 생각이 들 정도입니다. 이 이야기를 꺼낸 이유는, 바로 뉴턴과 기록의 중요성에 대해 이야기하고자 함입니다.

아이작 뉴턴(Isaac Newton)은 17세기 후반 영국에서 활동한 과학자로, 만유인력, 뉴턴의 운동 법칙, 케플러의 행성운동 법칙 해석 등 당시 최고의 과학 업적을 남긴 인물입니다. 그는 케임브리지 대학 재학 시절인 20대 초반에 이미 과학사에 길이 남을 업적들을 성취하였고, 그 모든 생각과 발견을 '생각의 샘'이라는 메모장에 꼼꼼히 기록했습니다. 뉴턴은 30세에 영국 왕립학회 회원이 되었고, 프리즘을 이용해 빛을 스펙트럼으로 분해한 실험을 통해 백색광이 여러 파장의 빛으로 이루어졌다는 사실도 밝혔습니다. 그는 미적분학의 이론적 기초도 다졌는데, 이 과정에서 라이프니츠(Leibniz)와의 우선권 논쟁이 있었습니다. 라이프니츠 역시 독립적으로 미분과 적분 개념을 발전시킨 인물이었고, 그의 공책에는 1675년 11월 11일 자로 미분과 적분에 대한 기록이 남아 있습니다. 두 사람의 미적분 기호 체계는 달랐지만, 기본적인 개념은 유사했습니다. 이로 인해서 '뉴턴 vs. 라이프니츠', 더 나아가 '영국 vs. 대륙 유럽' 간의 논쟁이 격화되었고, 학계는 양분되어 한 세기 이상 교류가 단절되기도 했습니다. 결국 1820년에 이르러 두 사람의 독립적 발견이 인정되면서, 미적분학의 공동 창시자로 역사에 남게 되었습니다. 뉴턴의 사례는 '기록의 중요성'을 다시금 깨닫게 합니다. 기록은 단순한 정리를 넘어 지식의 증거가 되며, 후속 발전의 기반이 됩니다.

2) 언어학자 비트겐슈타인

20세기 초, 오스트리아의 철학자 루트비히 비트겐슈타인(Ludwig Wittgenstein)은 "내 언어의 한계는 내 세계의 한계를 의미한다"라는 말을 남겼습니다. 이는 인간의 사고, 이해, 행동이 모두 언어의 깊이와 폭에 따라 결정된다는 의미입니다. 비트겐슈타인은 언어가 단순한 도구가 아니라 사고방식과 정체성을 규정하는 요소라고 보았습니다. 그는 다음과 같은 점을 강조했습니다.

- 아마추어의 언어는 가난하며, 생각도 제한적이고, 행동도 단순해진다.
- 전문가는 타인의 언어로도 문제에 접근할 수 있으며, 사고의 유연성이 크다.
- 사람이 사용하는 언어는 그 사람의 삶의 맥락을 반영한다. 예를 들어, 공장 근로자는 제품과 공정 중심의 언어를, 의사는 질병과 치유에 관한 언어를 자연스럽게 사용한다.

즉, 자신만의 언어를 가지는 것이 곧 자신만의 세계를 가지는 것입니다. 성공한 사람들은 타인의 언어를 듣고 그것을 자신만의 방식으로 해석합니다. 이로써 독창적인 사고방식이 형성되고, 차별화된 성과로 이어집니다.

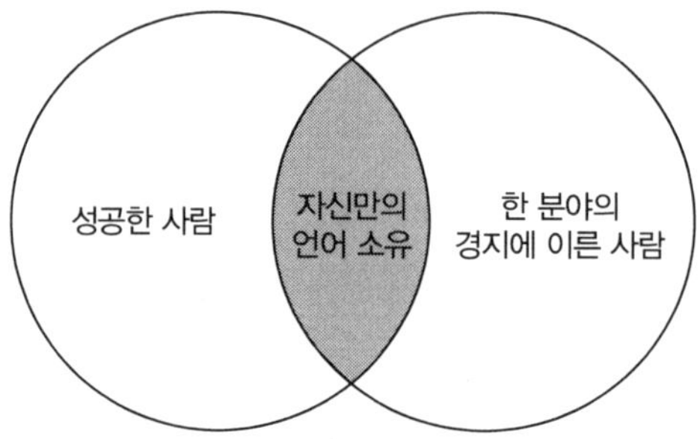

그림 5-1. 자신만의 언어를 가진 사람

3) 깊이 읽기의 방법: 나만의 방식으로 정리하기

깊이 읽기는 단순한 독서를 넘어, 개념을 체화하고 자신의 언어로 소화하는 과정입니다. 아래는 유영만, 박용후의 『언어를 디자인하라』에서 제안하는 깊이 읽기 4단계 방법입니다.

① 한 장의 그림으로 그리기

책을 읽으며 다음과 같은 개념에 주목합니다.

- 생소하거나 중요해 보이는 개념
- 저자의 핵심 주장
- 새롭게 창조된 개념

이 개념들을 따로 메모해 두고, 논리적으로 연결하여 하나의 도해(그림)로 정리합니다. 이후 각 개념 간의 관계를 설명하는 글을 써보며 정리합니다.

② 저자의 입장이 되어보기

책을 쓰게 된 배경이나 문제의식을 먼저 파악한 후, 저자의 관점에서 내용을 이해합니다. 저자에 대한 공감 혹은 비판을 통해 자기만의 질문과 해석을 던지는 방식입니다. 독서는 저자의 지혜에서 멈추는 것이 아니라, 그로부터 나의 깨달음을 끌어내는 것이어야 합니다.

③ 타이핑하며 읽기

공감되거나 반대되는 문장을 밑줄 긋고 모두 타이핑합니다. 책을 읽는 동안 느낀 점을 기록하며, 이를 기반으로 독후감을 작성합니다. '쓰기를 전제로 읽기'를 실천하면 문장 하나하나를 더욱 주의 깊게 보게 됩니다.

④ 적용과 실천 고민하기

책의 핵심 메시지가 내 삶에 어떤 시사점을 주는지를 고민해 봅니다. 단순히 책을 읽고 끝내는 것이 아니라, 삶에 적용할 수 있는 방식으로 재해석하고 실천할 수 있어야 합니다. 독서의 완성은 실제 행동의 변화로 이어질 때 이루어집니다.

정리

기록은 생각을 정리하고, 생각은 언어로 표현되어야 의미가 있습니다. 깊이 읽기와 글쓰기, 즉 '기록의 습관'은 우리가 가진 세계를 넓히고, 전문성을 갖춘 창의적 사고를 가능하게 합니다. 창의적 설계를 위한 출발점은 결국 '기록하는 힘'에서 비롯됩니다.

4. 효과적인 소통 ③: 기술보고서 쓰기

1) 기술보고서(Technical Paper) 작성의 필요성과 목적

공학은 문제를 해결하는 학문이며, 그 과정에서 도출된 결과는 반드시 소통되어야 합니다. 지난 시간에 배운 바와 같이, 설계 프로젝트가 완료되면 그 결과를 고객에게 보고하는 절차가 필요합니다. 이 고객은 직장에서는 상사일 수 있고, 대학에서는 교수일 수 있으며, 신제품 개발 시에는 시장의 소비자가 될 수 있습니다. 이러한 보고의 과정에서 가장 핵심적인 수단이 바로 기술보고서입니다. 기술보고서는 문학작품이나 교육 논문과 달리, 실용성과 정확성을 중시하며 전문성과 논리성을 갖추어야 합니다. 보고 대상자가 누구든, 공학자로서 소통 능력을 갖추기 위해 기술보고서 작성법을 익히는 것은 매우 중요합니다.

기술보고서의 종류로는 실험 보고서, 기술 동향 보고서, 연구 논문, 특허, 제안서, 작업 지시서, 시장 조사서, 고객 면담 보고서, 출장 보고서 등이 있으며, 이들은 공통적인 작성 원칙을 따릅니다.

그림 5-2. 보고서를 통한 소통

2) 기술보고서의 작성 원칙

기술보고서는 다음과 같은 원칙을 지켜 작성해야 합니다.

- 독창성: 타인의 결과를 무단 도용하지 않고, 자신의 창의적 결과를 바탕으로 작성해야 합니다. 표절은 중대한 윤리 위반입니다.
- 정확성: 수치, 데이터, 개념은 사실에 근거하여 정확히 표현되어야 합니다.
- 객관성 및 공정성: 개인적인 감정, 편견 없이 누구나 같은 방식으로 이해할 수 있도록 서술합니다.
- 검증 가능성: 보고된 내용은 타인이 재현하거나 검토할 수 있도록 명확히 작성되어야 합니다.
- 평이성: 지나치게 복잡한 문장을 피하고, 독자가 쉽게 이해할 수 있도록 구성합니다.

3) 기술보고서 작성 시 유의 사항

① 간결한 표현 사용

기술보고서는 간략하고 명확해야 합니다. 긴 문장보다는 짧고 단순한 문장 여러 개로 나누어 쓰는 것이 좋으며, 불필요한 반복은 피합니다. 개조식 서술도 효과적입니다.

② 객관적인 언어 사용

구체적이고 의미가 명확한 용어를 사용해야 하며, 은유적 표현이나 암시적인 표현은 피합니다. 기술적 전문 용어는 반드시 명확한 의미 전달을 위해 사용합니다.

③ 긍정적인 문장 표현

부정어 사용은 자제합니다. 예를 들어 "이 연구는 전혀 이루어지지 않았다."보다는 "이 연구 분야는 아직 활발히 진행되지 않았다."와 같은 긍정적 표현이 바람직합니다.

④ 문어체 사용

보고서에는 구어체가 아닌 문어체를 사용해야 합니다. "~인 것 같아요."보다는 "~

로 판단됩니다."와 같은 표현이 적절합니다. 연결어 역시 "그래서"보다는 "따라서"를 사용하는 것이 좋습니다.

⑤ 단락의 명확한 구분

단락은 사고의 전환 단위로, 각 단락마다 하나의 중심 생각을 담고 그에 대한 설명이나 근거를 구성합니다.

⑥ 수동형 표현 권장

기술보고서는 행위자보다 내용에 초점을 맞추므로 수동태 표현이 유리합니다.

예 "나는 이것이 문제라고 생각한다." → "이것은 문제로 판단됩니다."

⑦ 감정 표현 및 단정적 표현 자제

'절대로', '죽어도', '항상' 등 과도한 감정 표현과 일반화를 유도하는 표현은 피합니다.

⑧ 통일성과 일관성 유지

전체 흐름이 논리적으로 연결되며, 사용되는 용어와 문체가 통일되어야 합니다. 창작적 상상보다는 검증된 과학적 사실과 데이터를 기반으로 작성합니다.

4) 연구 논문 및 학위논문 작성법

기술보고서의 대표적인 형태인 연구 논문과 학위논문은 다음과 같은 구조를 갖습니다.

1. 제목(Title): 연구 내용을 가장 간결하고 핵심적으로 표현
2. 연구자 성명과 소속
3. 목차: 일반 목차, 그림 목차, 표 목차 포함
4. 요약문(Abstract): 연구 목적, 방법, 결과, 의의를 요약
5. 키워드(Keywords): 주요 개념이나 핵심 용어 4~5개

6. 서론: 연구 배경, 동향, 목적, 범위, 방법, 이론적 배경

7. 실험 장치 및 방법: 사용한 장비와 실험 절차 기술

8. 결과 및 고찰: 실험 결과 제시 및 분석

9. 결론: 연구 요약 및 의의

10. 참고문헌: 사용한 모든 문헌을 정확히 표기

11. 감사의 글: 도움을 준 기관이나 인물에 대한 감사 표시

5) 최종 점검과 검수

기술보고서를 완성한 후에는 반드시 검수 단계를 거쳐야 합니다.

- 주제와 의도가 명확하게 전달되었는지 확인
- 각 문단의 중심 문장이 뚜렷한지 확인
- 용어가 일관되게 사용되었는지 점검
- 생소한 개념은 쉬운 표현으로 보완
- 시각 자료(표, 그림, 예시 등)를 적절히 활용했는지 확인

보고서는 간결하고 명료하게 작성되어야 하며, 독자의 흥미를 유도할 수 있도록 구조적 완성도도 고려해야 합니다.

정리

효과적인 소통을 위해 필요한 능력인 경청과 기록은 공학인의 기본 소양입니다. 경청은 타인을 이해하고 존중하는 태도이며, 기록은 내 생각과 결과를 타인과 공유하기 위한 핵심 도구입니다. 공학은 팀 기반으로 일하며, 결과를 공유하고 설득하는 과정이 필수입니다. 소통의 원리를 적용하여 보시기 바랍니다.

연습문제

1 객관식 효과적 경청을 위한 행동에 해당하지 않는 것은? (　　)

① 눈 맞춤을 해라.

② 긍정적인 고갯짓과 적절한 표정을 보여라.

③ 주의를 산만하게 하는 행동을 피하라.

④ 질문을 삼가라.

2 OX문제 독서의 목적은 다른 사람의 낯선 사유체계에 접속하기 위해서입니다. (　　)

3 주관식 소통 측면에서 세종대왕을 우리나라 최고의 왕이라고 하는 이유에 대하여 설명하여 보아라.

(　　　　　　　　　　　　　　　　　　　　　　　　　　　　　　　　)

6장

효과적인 소통 2:
Presentation과 Negotiation

1. 효과적인 소통 ①: Presentation
2. Presentation 잘하기: 준비와 발표
3. 효과적인 소통 ②: Win-Win Game

효과적인 소통을 위해서 프리젠테이션도 중요한 방법의 하나입니다. 마틴 루터킹, 윈스턴 처칠의 명연설 속에서 deep impact, deeply touch의 프리젠테이션이 얼마나 중요한 효과를 발하는지 알아봅시다. 효과적 프리젠테이션을 Intro-Main-Closing으로 구성하고 단계별로 준비할 사항 및 추진 사항들을 배우게 될 것입니다.

1. 효과적인 소통 ①: Presentation

1) Presentation으로 말하기

"아는 것이 힘"이라는 말보다, "아는 것을 다른 사람과 소통할 수 있을 때 비로소 힘이 된다"라는 표현이 더 적절합니다. 과거에는 시청각 자료 없이 말하기만으로 전달하는 방식(연설, speech)이 주류였지만, 오늘날에는 컴퓨터를 활용한 시청각 자료 기반의 소통 방식인 프리젠테이션(presentation)이 보편화되었습니다. 스피치, 강연, 프리젠테이션 모두 의사소통을 위한 수단이며, 여기서는 효과적인 프리젠테이션을 중심으로 의사소통 방법을 배웁니다.

2) 말하기의 핵심: 소통과 공감

말하기는 정보 전달뿐 아니라 청중과의 감정적 연결, 즉 공감이 핵심입니다. 대표적인 사례로 마틴 루터 킹 주니어의 "I have a dream" 연설은 미국인들의 마음을 깊이 움직였고, 그의 말은 단순한 정보가 아닌 감동과 영감을 전달했습니다. 이러한 연설은 'deep impact, deeply touch'의 대표적인 예입니다.

3) Winston Churchill의 명연설

영국의 전쟁 영웅이자 총리였던 윈스턴 처칠 역시 감동적인 연설로 국민에게 용기를 주었습니다. 그의 어록 중 "돈을 잃는 것은 적게 잃은 것이다. 명예를 잃은 것은 크게 잃은 것이다. 그러나 용기를 잃는 것은 전부를 잃는 것이다."라는 특히 많은 사람들의 신념이 되었습니다. '남에게 무례한 짓을 하지 말고 남에게 무례한 짓을 당하지 말라. 모든 사람에게 예절 바르고, 많은 사람에게 붙임성 있고, 몇 사람에게 친밀하고, 한 사람에게 벗이 되고, 아무에게도 적이 되지 말라. 위에 있으면서 교만하지 않으면 아무리 지위가 높아져도 위태하지 않고, 예절과 법도를 삼가 지키면 아무리 재물이 가득해도 넘치지 않는다. 냉정한 눈으로 사람을 보고, 냉정한 귀로 말을 듣고, 냉정한 마음으로 도리를 생각하라.' 우리가 살면서 어떻게 살아야 하는지가 모두 담겨있어 깊은 울림을 줍니다. 또 다른 윈스턴 처칠의 어록 중에는 "위험이 다가왔을 때 도망치려고 생각해서는 안 된다. 그렇게 되면 도리어 위험이 배가된다. 그러나 결연하게 맞선다면 위험은 반으로 줄어든다"가 있습니다. 그런데 이 연설문은 어딘가 우리나라의 이순신 장군의 말씀과 비슷합니다.

4) 이순신과 처칠, 그리고 도고 헤이하치로

1904년 러일전쟁에서 일본의 도고 제독이 러시아 발틱 함대를 무찌른 후, 이순신 장군을 존경의 대상으로 언급한 일화는 유명합니다. 당시 영국의 기자가 일본의 승전을 축하하는 인터뷰를 하였고 그 내용이 영국에서 책으로 출간되었다고 합니다. 당연히 처칠은 20~30대에 해군 제독이었기에 전쟁의 신이라는 이순신 장군에 대해 전해 들었을 것으로 보입니다. 이순신 장군의 어록은 처칠의 연설과도 닮아있으며, 이는 전쟁에서의 신념과 용기의 본질이 시대와 문화를 초월하여 공유된다는 점을 보여줍니다.

2. Presentation 잘하기: 준비와 발표

1) 구두 발표의 단계와 구성

프리젠테이션은 세 가지 단계로 구성됩니다.

- 사전 단계(준비): 상황 분석, 청중 파악, 자기 점검
- 구성 단계(내용 정리): 3단 구성(Introduction, Main, Closing), 스토리텔링 포함

- 실행 단계(발표): 말솜씨, 비언어적 표현, 시각 자료 활용

스토리텔링은 프리젠테이션을 더 기억에 남게 만드는 효과적인 도구이며, 청중과 감정적으로 연결되도록 도와줍니다.

2) 발표의 준비와 계획 단계: 상황 분석

좋은 발표는 발표자 중심이 아닌 청중 중심이어야 합니다. 발표자는 청중의 연령, 관심사, 배경지식을 고려해 자료를 준비해야 합니다. 예를 들어:

- 고등학생: 진학, 아이돌 등
- 대학생: 교양, 이성 교제 등
- 주부: 육아, 방과후 활동 등
- 중장년층: 부동산, 주식, 자녀 교육 등
- 노년층: 건강, 여가, 복지 등

청중을 분석함으로써 프리젠테이션의 메시지가 더욱 효과적으로 전달되고, 청중의 몰입과 반응을 유도할 수 있습니다.

3) 발표 자료 구성: 주제에 맞는 메시지 설계

프리젠테이션은 다음 세 단계로 구성됩니다.

- Introduction: 청중의 관심을 끌 수 있는 오프닝 멘트를 준비합니다.
- Main: 핵심 메시지를 5개 이하로 요약하고, 이를 뒷받침하는 스토리와 데이터를 제공합니다.
- Closing: 프리젠테이션의 감동이 오래도록 남을 수 있도록 강렬하고 인상적인 마무리 멘트를 준비합니다.

스토리텔링은 청중의 감정과 연결되며, 설득력을 높이는 중요한 수단입니다. 청중의 기억에 오래 남을 메시지를 설계하고 전달하는 것이 프리젠터의 목표입니다.

3. 효과적인 소통 ②: Win-Win Game

1) 스님에게 빗 팔기

지금까지는 프리젠테이션을 중심으로 소통 방법을 배웠습니다. 이제는 상호 이익을 추구하는 Win-Win Game 관점에서 소통을 살펴보겠습니다.

▶ 가상의 상황 사례(simulation)

여러분이 불교 신자라고 가정해 봅시다. 그런데 대학을 졸업하고 빗을 파는 직업을 가지게 되었고, 그래서 빗을 내가 다니는 절의 스님을 통해 팔고 싶다고 생각해 봅시다. 여러분은 어떻게 빗을 파실 수 있겠습니까? 어차피 가상의 상황이니 법정 스님이 살아 계시고 당신이 법정 스님의 절에 다니는 불자라고 가정하고 평소 존경하는 법정 스님을 찾아뵙고 '존경하는 스님, 빗 좀 사주세요' 하면서 빗을 팔아보십시오. 이 역시 개방형 문제로 답은 다양할 수 있습니다. 그동안 많은 학생에게 이 문제를 내보면 몇십 개 정도의 빗을 스님께 파는 답은 들을 수 있었지만, 수백수천 개를 팔 수 있는 답은 없었던 것 같습니다. 이런 방법을 써보시면 가능할 수도 있을 것입니다.

- 1개를 파는 방법: 스님께 혈행 순환 개선을 위한 마사지 용도로 제안
- 10개를 파는 방법: 법당에 비치해서 불자들의 몸과 마음 단정을 위해 사용 제안
- 1,000개를 파는 방법: 빗의 겉면에 법정이라는 금박을 새겨 고급스러운 선물용으로 만들어 스님을 찾아뵙니다. 스님, 요즘 시주 많이 안 들어오시죠? 경기가 안 좋으니, 민심이 흉흉하네요. 그렇다면 이 방법을 써보시죠. 스님을 찾는 불자들은 큰 사업을 준비하거나 큰 시험을 준비하거나 중요한 만남을 앞둔 분들이 많을 것입니다. 그분들께 이 선물을 드리며 시작 전에 화장실 거울을 보며 빗질을 하면서 몸과 마음을 바르게 정돈하라고 하십시오. 이 빗을 사용하는 순간, 법정, 제가 당신을 위해 기도드리고 있습니다. 다음에는 무슨 일이 일어날까요. 큰 스님을 뵈러 오신 불자들은 사실 큰 스님의 격려와 잘될 것이라는 믿음을 듣고

싫어 하신 분들이 많습니다. 그분들은 마음의 위안을 받았으니, 선물을 받고 나가는 길에 크게 시주를 하실 것입니다. 결국, 나는 빗을 팔아서 좋고, 스님은 불자들에게 선물하고 시주를 받아서 좋고, 불자들은 위안과 좋은 덕담과 기운을 받아 절에 목적을 달성해서 좋은 결과를 낳게 됩니다.

그림 6-1. 스님에게 빗 팔기

이 문제의 정답은 대화 속 나-스님-불자 세 주체가 모두 이기는 방법을 찾는 것, win-win입니다. 우리는 매일 많은 사람을 만나고 이해관계 속에 삽니다. 이들과의 소통이 win-win 경기하듯이 서로 이기는 답을 찾으려고 노력하라는 것입니다. 팀플레이를 해도 모든 팀원들이 이기는 방안을 여러분들이 좋아하는 게임처럼 찾아보라는 것입니다.

2) 박정희 대통령과 정주영 회장의 소통

1970년대, 박정희 대통령은 오일 머니(oil money)가 넘쳐나는 중동 지역에 비즈니스 기회가 있는지 알아보게 합니다. 정부 고위 경제팀은 중동을 다녀온 후 "날씨는 덥고, 사막뿐이며, 비즈니스는 어렵다"라고 보고합니다.

이때 정주영 회장이 현장을 다녀온 후 이렇게 말합니다.

"1년 내내 비가 오지 않으니, 공사를 멈추지 않아도 됩니다. 자갈, 모래는 현지에서 조달할 수 있고, 물은 차량으로 실어 오면 됩니다. 더위는 낮잠, 야간작업으로 해결할 수 있습니다."

이처럼 불가능해 보이는 상황에서도 긍정적인 해답을 찾아낸 것이 핵심입니다. 이 발상의 전환은 결국 중동 건설 신화의 시발점이 되었습니다.

3) 핵심 정리: Win-Win Game의 본질

'스님에게 빗 팔기'와 '정주영 회장의 발상 전환'에서 우리는 다음과 같은 교훈을 얻습니다.

- 모두가 이기는 방법(WIN-WIN)을 찾자.
- 팀플레이에서도 구성원 모두에게 이로운 결과를 추구하자.
- 어떤 상황에서도 최선의 긍정적 해답을 찾는 태도를 유지하자.

협상의 본질도 Win-Win입니다. 매일 접하는 개인 간의 관계뿐만 아니라 남북 관계, 국제 외교, 기업 협력 등에서도 상호 간 이익을 도모하는 소통 방식이 가장 건강하고 지속 가능한 방법입니다.

정리

마틴 루터킹과 윈스턴 처칠의 명강연은 마음에 깊은 감동을 주는, deep impact, deeply touch 하는 소통과 공감의 중요성을 일깨워줍니다. 좋은 프리젠테이션은 Intro-Main-Closing으로 구성되며 좋은 발표가 되도록 철저히 준비해야 합니다. 스님에게 빗 팔기를 통해 대화의 주체 모두가 이기는 방법을 마치 게임을 하듯이 찾아보며 필요하면 가상의 상대를 넣어서 즉 생각의 범위를 넓혀서 윈-윈 게임을 하는 논리와 박정희 대통령-정주영 회장의 일화처럼 어떤 상황에서도 최선의 긍정적 해답 찾기의 그 근본은 윈-윈 게임입니다. 개방형 문제에 대한 발상의 전환, 모두가 이익을 얻는 구조 설계는 팀플레이뿐 아니라 실제 사회에서도 필요한 역량입니다. Win-Win의 원리를 기억하며 앞으로의 과제와 협업에 임하기를 바랍니다.

연습문제

1 객관식 효과적 presentation을 위한 행동에 해당하지 않는 것은? (　　)

① 강연 도중에 주위 환기를 위해서 연설대에서 완전히 벗어날 수도 있다.

② 청중을 바라본다는 것은 청중을 존중한다는 의미로 전달된다.

③ 손 움직임이 부자연스러우니 가능하면 주머니에 넣고 이야기한다.

④ 공적인 상황이라 하더라도 말투는 청중 한 사람 한 사람에게 말하듯이 대화체 말투를 구사한다.

2 OX문제 Presentation에서 발표 내용은 일반적인 것에서 구체적인 것으로 전개하는 것이 좋다. (　　)

3 주관식 여러분이 생각하는 명연설, 명강의에는 무엇이 있으며, 그렇게 생각하는 이유에 대하여 설명하여 보아라.

(　　　　　　　　　　　　　　　　　　　　　　　　　　　　)

7장

협상: Negotiation

1. 거란의 1차 고려 침략과 서희의 협상
2. 서희의 협상에서 배우는 협상 원리 - 고려 내부 의사결정과 서희의 대응
3. 협상의 원리(Principles of Negotiation)
4. 원칙론적 협상법

1. 거란의 1차 고려 침략과 서희의 협상

1) 배경: 993년, 거란의 침공

- 시기: 서기 993년, 거란(요나라)의 소손녕이 고려를 침공함(제1차 거란 침입)
- 침공 이유
  - 거란이 고구려 옛 땅의 계승권을 주장하며, 고려의 북진 정책을 문제 삼음
  - 고려가 송나라와 외교 관계를 유지하자 이를 단절시키고자 침공

2) 당시의 전황과 고려 조정의 반응

- 소손녕의 군사적 우세: 청천강 이북 지역의 봉산군 전투에서 승리, 80만 대군이라 주장하며 고려에 항복 요구
- 고려 조정의 논의
  - 할지론: 땅을 떼어 주고 화친하자
  - 주전론: 일단 항전하고 후사 논의
  - 성종은 할지론에 기울고 있었음

3) 서희의 등장과 외교 전환점

- 안융진 전투에서 전황 반전, 서희가 협상가로 적진에 파견됨
- 기선 제압: 절을 요구하는 소손녕에게 예법에 따라 절하지 않음 → 대등한 외교적 위치 확보

4) 서희의 외교 전략

- 논리적 대응
  - 고려는 고구려의 후예, 국호와 수도가 이를 증명
  - 고구려 옛 땅은 오히려 요의 동경까지 포함될 수 있으므로 고려의 침범 주장은 모순
  - 여진족이 방해하여 교류 불가 → 여진을 몰아내고 도로와 성을 쌓아 교류 원

활히 하겠다는 명분 제시

- 상대 체면 살리기
  - '조빙'이라는 표현으로 요나라 황제를 존중
  - 소손녕에게도 천자의 결정권을 강조하여 협상 실패 시 책임을 회피할 명분 제공

5) 협상의 결과

- 거란 황제의 반응: "고려가 이미 화해를 청하였으니, 군대를 해산하라"
- 성과
  - 전쟁 회피
  - 강동 6주 획득 → 고려 국경이 의주까지 확장
  - 소손녕으로부터 낙타, 말, 양, 비단 등의 선물 받음

■ 강동6주를 점유할 수 있는 권리를 얻음

■ 거란의 2차, 3차 침공에서 중요한 지리적 역할을 함

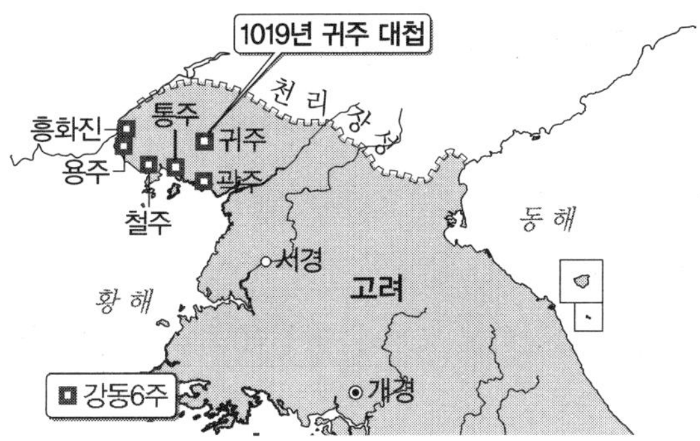

그림 7-1. 강동 6주 개척

6) 국제 정세와 서희의 전략 이해

- 중국의 정세
  - 당나라 멸망 이후 요(거란)와 송의 대립 구조
  - 고려는 송과 수교하여 친송 노선 유지
  - 거란은 고려를 적으로 둘 수 없기에 관계 개선 필요

- 서희의 판단
  - 거란의 목적은 고려 정복이 아닌 중립 혹은 친요 관계 유지
  - 외교적으로 타협 가능성을 간파

2. 서희의 협상에서 배우는 협상 원리 - 고려 내부 의사결정과 서희의 대응

1) 조정 내부의 할지론 우세

- 상황: 봉산 전투 패배 이후 조정은 거란의 강세에 위축
- 대세론: 서경 이북의 땅을 내주고 화친하자는 '할지론' 우세, 성종도 이에 기운 상태
- 조치: 서경의 곡식을 백성에게 나눠주거나 폐기하며 후퇴 준비

2) 서희의 주전론 제안과 반박 논리

- 반박 논리
  - "서경 이북을 내주면 삼각산 이북도 줄 것인가?"
  - "국토를 떼어 주는 것은 만세의 치욕"
- 대안 제시: "일단 항전하고, 그 후 화친해도 늦지 않다"라는 '선 항전, 후 협상' 전략 제안
- 성종 설득: 만일 실패하면 역적으로 몰릴 수 있는 상황이었지만 강하게 주장하여 성종의 마음을 돌림

3) 서희의 판단 근거

- 거란의 진의 파악
  - 거란이 진정 고려 정벌 의도였다면 바로 침공했을 것인데, 사신을 보내 항복을 요구하는 것은 고려의 반응을 떠보는 행위로 보임

- 군세 분석
  - 총사령관 격인 '도통' 대신 소손녕은 고려침공의 총사령관이지만 직함은 '도경유수'로서 동원할 수 있는 군대가 6만 명 → 거란의 80만 대군 주장은 과장이고 거란 침공이 본격 침공 아님을 시사
- 국제 정세 분석
  - 거란은 송나라와 대치 중, 후방 안정이 급선무.
  - 송 태종 치세로 송의 국력 강성 → 거란은 고려와 전면전 감당 어려움

4) 협상 주도권 확보 전략

- 전투 후 협상 전략
  - 패배 직후 협상은 불리, 군사력 결집 후 안융진 전투에서 승리.
  - 거란군이 더 이상 진격하지 않고 협상에 무게를 둔 정황 확인
- 협상 시기 판단
  - 서희는 고려의 군사력이 강함을 보여준 뒤 협상에 나서 유리한 고지를 점하고자 함. 예상대로 거란은 협상에 나섰고, 서희가 담판에 직접 나서게 됨

5) 협상 교훈

- 신중한 대응의 중요성: 위기 상황일수록 서두르지 않고 국익을 위한 판단 필요
- 기세보다 명분과 실리: 강자의 요구라도 무조건 굴복하지 않고 시간을 벌어 유리한 협상 환경 조성
- 상대 의도 간파 능력: 겉으로 드러난 요구 이면의 전략적 목적을 간파해야 협상을 주도할 수 있음

3. 협상의 원리(Principles of Negotiation)

협상(Negotiation)이란 여러 사람이 상호 의논을 통해 특정 목적에 부합하는 결정을

내리는 과정입니다. 일반적으로는 의견차이나 갈등이 있을 때, 이를 해결하기 위한 상호 합의의 수단으로 사용됩니다. 협상은 특별한 상황에서만 발생하는 것이 아니라, 우리 일상에서도 자주 일어납니다.

예를 들어,

- 아침 식사로 밥을 먹을지, 빵을 먹을지를 가족과 상의할 때
- 부모님께 아이패드를 사달라고 요구하고, 시험 성적을 조건으로 제시할 때
- 노동조합과 회사가 임금 인상률을 놓고 협상할 때
- 택시를 탈지 지하철을 탈지를 결정할 때도

모두 일상적인 협상의 예입니다.

하지만 자주 경험하는 일임에도 불구하고, 우리는 협상을 효과적으로 수행하는 방법에 대해 체계적으로 배운 적이 많지 않습니다. 이 장에서는 협상의 원리를 네 가지 측면에서 정리해 보겠습니다.

1) 입장에 얽매이지 말 것

협상에서 가장 흔히 발생하는 문제는 '입장 중심 협상'입니다. 각자가 처음에 설정한 입장을 고수하게 되면, 대화를 통한 조정이 어렵고, 갈등이 격화되기 쉽습니다.

- 자신이 처음 내세운 주장을 자아와 동일시하게 되면, 그 입장을 바꾸는 것이 심리적으로 더 어렵게 됩니다.
- 입장이 극단적일수록, 양보의 여지가 적을수록 협상은 비효율적으로 됩니다.

해결 방법 입장이 아닌 '이해관계(interests)'에 주목해야 합니다. 즉, 왜 그런 입장을 취했는지를 파악하고, 그 이면에 있는 실제 욕구나 목적을 중심으로 협상을 전개해야 합니다.

2) 상대방은 적도 친구도 아닌 '문제해결자'

협상에서 상대방은 적대적인 경쟁자도, 절친한 친구도 아닌 '공동의 문제를 해결해야 하는 협력자'입니다.

- 협상은 감정적으로 접근하기보다는, 합리적이고 객관적인 태도가 중요합니다.
- 예를 들어, 노사 협상에서 한쪽이 일방적으로 손해를 본다면, 파업이나 업무 차질로 이어질 수 있습니다.

핵심 태도 협상 상대는 함께 문제를 해결해야 할 파트너라는 인식을 가져야 합니다. 감정이 아닌 문제 중심(problem-focused) 접근이 필요합니다.

3) 협상 상대의 성향을 이해할 것

협상은 상대의 스타일을 파악하는 것부터 시작됩니다. 보통 협상가는 크게 두 유형으로 나눌 수 있습니다.

- 유연한 협상가: 관계를 중시하며, 빠른 합의를 추구함
  - → 장점: 협상이 빠르게 끝날 수 있음
  - → 단점: 결과의 합리성이 떨어질 수 있음
- 강경한 협상가: 입장을 고수하며, 반드시 이기려 함
  - → 장점: 자신에게 유리한 조건을 이끌 수 있음
  - → 단점: 합의에 도달하기 어려우며, 감정의 골이 깊어질 수 있음
- 올바른 대응 방법
  - → 유연한 협상가와는 감정에 휩쓸리지 않고, 본질적인 가치를 잃지 않도록 주의해야 합니다.
  - → 강경한 협상가와는 객관적인 기준과 논리로 대응해야 하며, 위협에 쉽게 흔들려선 안 됩니다.

4) 상호 교환(Trade-off)을 활용할 것

협상은 서로가 원하는 것을 얻기 위해 주고받는 과정입니다. 완벽하게 얻기만 하는 협상은 존재하지 않으며, 일부 양보를 통해 더 큰 이익을 얻는 것이 핵심입니다.

- 좋은 협상은 '이기고 지는 게임'이 아니라 서로가 만족할 수 있는 결과(winning together)를 도출하는 것입니다.

협상 사례 1 **노트북 구매를 통한 Win-Win의 의미**

당신이 전자 상가에 가서 노트북을 구매하려고 하는 상황을 가정해 봅시다.

A 상가에 들렀더니, S 전자 SP 노트북이 사양도 적절하고 마음에 듭니다. 판매 가격은 100만 원입니다. 당신이 "90만 원에 주세요"라고 제안하자, 사장님은 "요즘은 정찰제라 깎는 것 없습니다"라고 하시며 97만 원까지는 가능하다고 답합니다. 이에 "95만 원에 해주신다면 현금으로 바로 결제하겠습니다"라고 제안했더니, 사장님은 "그럽시다. 가져가세요"라고 하십니다. 이 상황에서 여러분이 느끼는 감정은 어떠할까요?

5만 원을 깎아서 구매한 것에 만족할 수도 있고, 혹시 더 깎을 수 있었던 건 아닐까 하는 아쉬움이 남을 수도 있습니다. 이러한 거래에서 진정한 좋은 협상은 무엇일까요?

Win-Win 협상이란?

판매자는 적절한 이익을 얻고, 손님이 다시 올 수 있을 만한 관계를 형성합니다.

구매자는 좋은 품질의 제품을 합리적인 가격에 구매하고, 친절한 응대에 만족합니다. 결과적으로, 양측 모두가 만족한다면 이 거래는 Win-Win 협상이라고 볼 수 있습니다.

하지만 만약 사장이 처음에는 깎아줄 의지가 없다고 했다가 현금이라는 조건에서 갑자기 가격을 낮춘다면, 구매자는 '좀 더 깎을 수 있었던 게 아닐까?' 하는 의심과 불만을 가지게 될 수 있습니다. 이렇게 되면 손해 본 듯한 기분에 다시 그 가게를 찾지 않을 가능성이 높습니다.

협상 사례 2 **식당의 경우**

식당을 방문했을 때도 마찬가지입니다. 음식 가격이 지나치게 비싸거나 서비스가 불친절하면, 고객은 다시 오지 않게 됩니다. 반대로, 적절한 가격에 좋은 품질의 음식을, 만족스러운 서비스와 함께 제공받는다면 손님은 단골이 될 수 있습니다.

이러한 관계가 유지되면, 이는 명백한 지속 가능한 Win-Win 협상이 됩니다.

좋은 협상의 핵심

이 사례를 통해 우리가 얻을 수 있는 중요한 교훈은 다음과 같습니다.

좋은 협상이란, 협상에 참여한 양측 모두가 만족할 수 있는 결과를 얻는 것입니다.

▶ **좋은 협상의 판단 기준 3가지:** 그렇다면, 협상이 잘 이루어졌는지를 어떻게 판단할 수 있을까요? 다음 세 가지 기준을 통해 협상의 성과를 평가할 수 있습니다.

① 나의 이익이 충족되었는가?

협상의 가장 기본적인 목적은 자신이 원하는 것을 어느 정도라도 얻는 것입니다. 협상 결과가 나의 요구, 기대, 조건을 어느 수준 이상 만족시켰다면, 그 협상은 성공적이었다고 볼 수 있습니다.

예 노트북 가격을 5만 원 낮췄고, 현금 결제라는 조건에 동의했다면 '내가 생각한 수준의 합리적 구매'를 달성한 것입니다.

② 상대방도 만족했는가?

진정한 협상은 상대방의 입장도 존중하는 것입니다. 상대가 전혀 얻는 것이 없거나 손해를 보았다면, 협상은 일시적인 성공일 수 있으나 지속적인 관계를 만들기는 어렵습니다.

상대가 적절한 이윤을 확보하고, 불쾌감을 느끼지 않았다면 여러분과 다시 거래할 가능성이 높아집니다.

③ 관계가 유지될 수 있는가?

협상은 단발성 거래보다 관계 유지가 가능한지가 중요합니다. 협상 과정에서 신뢰가 손상되거나 감정이 상하면, 다음 기회는 사라집니다.

"그 사람과 다시는 거래하고 싶지 않다"라는 감정이 남았다면 아무리 조건이 좋아도 좋은 협상이라 할 수 없습니다.

성공적인 협상이란 단지 내가 원하는 것을 얻는 것을 넘어서, 상대방의 만족과 미래 관계의 지속 가능성까지 고려한 결과를 말합니다. 즉, 이익 + 신뢰 + 관계 유지라는 세 요소가 균형 있게 충족되어야 진정한 Win-Win 협상이라 할 수 있습니다.

좋은 협상의 조건 세 가지

1. 현명한 판단을 통해 양측 모두 만족할 수 있는 결과 도출
2. 효율적인 과정으로 시간과 자원의 낭비 없이 합의 도달
3. 관계 유지 및 개선이 가능해야 함(최소한 관계 악화는 없어야 함)

정리

창의 설계와 협상 능력

화학공학 분야에서도 협상은 매우 중요한 역량입니다.
팀 프로젝트를 수행하면서, 실험 장비나 역할 분담을 두고 협상이 필요할 수 있고, 졸업 후 기업이나 연구소에서도 다양한 이해관계자들과의 협상이 필수가 됩니다.
따라서, 다음 세 가지 협상의 원칙을 기억하세요.

- 현명한 협상: 본질을 파악하고 이해관계를 조율할 것
- 효율적인 협상: 불필요한 갈등과 소모를 피할 것
- 윈-윈 협상: 모두가 만족할 수 있는 결과를 도출할 것

협상은 기술입니다. 훈련을 통해 더 나은 협상가가 될 수 있습니다.

4. 원칙론적 협상법

1) 개요

협상은 단순한 거래가 아니라, 상호 이해와 문제 해결을 위한 창의적이고 체계적인 접근이 필요합니다. 하버드대학교에서 정립한 원칙론적 협상법은 협상의 네 가지 핵심 원칙을 바탕으로 더 생산적인 협상을 가능하게 합니다.

2) 원칙 1: 사람과 문제를 구분하라

협상에서 가장 먼저 해야 할 일은 '사람'을 '문제'와 명확히 구분하는 것입니다. 사람에 대한 감정이나 태도에 휘둘리기보다는, 문제 자체에 집중하여 협상에 임해야 합니다.

▶ 실천 방법

- 상대방의 입장에서 현실을 보라.
- 두려움을 바탕으로 상대의 의도를 추측하지 말라.
- 협상 전 생각의 차이를 인식하라.
- 상대방에게 다른 방식으로 행동할 기회를 제공하라.
- 협상에 상대방을 참여시켜 공동의 이해를 형성하라.
- 제안을 상대의 가치관과 일치시키라.
- 감정폭발에 대꾸하지 말라.
- 상징적인 제스처를 활용하라.
- 적극적으로 듣고, 들은 내용을 인정하라.
- 상대방이 이해할 수 있도록 말하라.
- 상대방보다는 자신에 대해 이야기하라.
- 목적 중심의 대화를 해라.
- 예방이 가장 효과적인 대응이다.
- 유기적인 상호 관계를 유지하라.
- 문제 자체를 논의하라.
- 모든 말은 항상 다르게 들릴 수 있음을 명심하라.

3) 원칙 2: 입장이 아닌 이해관계에 집중하라

협상에서 입장(position)만을 고수하면 해결책의 폭이 좁아집니다. 이해관계(interest)에 주목하면 상호 이익과 새로운 관점이 생깁니다.

▶ 실천 방법

- 이해관계는 문제를 분명히 한다.
- 대립하는 입장 뒤에는 조화 가능한 이익이 존재할 수 있다.
- 당신의 이해관계를 생생하게 전달한다.
- 상대방의 이해관계를 공동 문제로 인정한다.
- 문제를 먼저 부각하고 응답한다.
- 과거가 아닌 미래를 본다.
- 구체적이되 유연하게 접근한다.
- 문제에는 단호하되 사람에게는 부드럽게 대한다.

4) 원칙 3: 상호 이익을 위한 다양한 해결책을 모색하라

협상은 반드시 하나의 정답을 찾는 것이 아닙니다. 가능한 여러 가지 대안을 함께 탐색하고, 트레이드-오프를 통해 서로 이익을 얻는 방식이 바람직합니다.

▶ 대안을 방해하는 장애 요인

- 성급한 판단
- 하나의 해답만을 고집함
- '파이의 크기는 고정'이라는 착각
- 내 문제만 중요하다는 편협한 관점

▶ 창의적인 협상 접근법

- 아이디어 창출과 판단을 분리하라(예 브레인스토밍 후 평가).
- 선택지를 넓혀라.
- 협상은 제로섬 게임이 아니다. 상호 이익을 모색하라.
- 공통 이해관계를 찾아라.
- 서로 다른 이해관계를 효과적으로 연결하라.

5) 원칙 4: 객관적 기준을 활용하라

협상은 감정이나 주장 싸움이 아니라 객관적 기준에 근거해 공정한 합의를 이끌어야 합니다. 과학적 데이터나 공정한 원칙을 활용하면 설득력 있는 협상이 가능합니다.

▶ **협상에서 흔히 저지르는 7가지 실수**(원칙론적 협상법에서 아마추어가 저지르는 대표적인 7가지 실수 사례)

- 유리한 상황이 아님에도 먼저 제안함.
- 제안이 충분히 강력하지 않음.
- 자기 말만 하고 상대방 이야기를 듣지 않음.
- 상대에게 영향만 미치려 하고, 배우려 하지 않음.
- 상대에 대한 잘못된 가정을 의심하지 않음.
- ZOPA(합의 가능 지대)를 오판하고 재평가하지 않음.
- 불필요하게 더 많이 양보함.

✅ ZOPA(Zone of Possible Agreement): 양측이 모두 받아들일 수 있는 협상의 범위

▶ **협상의 십계명**(하버드 대학의 원칙론적 협상법)

- 입장(position)이 아닌 욕구(interest)를 파악하라.
- 창의적인 대안을 함께 개발하라.
- 상대의 숨은 욕구를 찾아 자극하라.
- Win-Win 협상을 목표로 하라.
- 숫자 논의 전, 객관적 기준을 설정하라.
- 합리적 논거를 협상의 지렛대로 활용하라.
- 바트나(BATNA, Best alternative to negotiated agreement)를 준비하고 활용하라.
- 좋은 인간관계를 협상의 기반으로 삼아라.
- 질문하라, 또 질문하라.
- 협상 준비 테이블(NPT, negotiation preparation table)을 사용해 철저히 준비하라.

> **정리** 원칙론적 협상법은 단순한 승패의 문제가 아닙니다. 협상 참여자 모두가 만족할 수 있는 방향으로 문제를 해결하고 관계를 지속할 수 있도록 도와주는 도구입니다. 팀 기반 문제 해결에서도 이 협상법을 활용하면 보다 창의적이고 협력적인 결과를 끌어낼 수 있습니다.

표 7-1. 원칙론적 협상법의 네 가지 원칙

원칙	설명	실천 핵심
1. 사람과 문제를 구분하라	감정과 인간관계를 협상에서 분리하고, 문제 해결에 집중한다.	경청, 공감, 감정 대응 자제, 문제 중심 사고
2. 입장이 아닌 이해관계에 집중하라	서로의 근본적인 욕구와 필요를 파악하고, 공존할 수 있는 방향을 모색한다.	욕구 탐색, 미래지향적 사고, 유연한 태도
3. 상호 이익을 위한 대안을 모색하라	창의적인 아이디어로 다양한 해결책을 만들고, 트레이드-오프를 고려한다.	브레인스토밍, 다양한 선택지, 상호 연결
4. 객관적 기준을 활용하라	과학적이고 중립적인 기준을 근거로 합의를 유도한다.	데이터 활용, 공정한 원칙, 감정 대신 근거

표 7-2. 원칙론적 협상법 개념도

사람 vs 문제	이해관계	창의적 대안	객관적 기준
감정 분리	숨겨진 욕구 파악	다양한 해법 제안	과학적 근거 사용
문제 집중	입장 너머의 관심 찾기	상호 이익 연결	공정한 기준 설정

표 7-3. 협상 실패의 7가지 실수

번호	실수 내용
1	유리하지 않은 입장에서 먼저 제안
2	제안이 충분히 강하지 않음
3	자기 말만 하고 경청하지 않음
4	상대방의 정보를 끌어내려는 시도가 없음
5	가정에 대해 의문을 품지 않음
6	ZOPA를 잘못 계산하고 재조정하지 않음
7	불필요한 양보를 함

표 7-4. 협상의 십계명(Harvard Negotiation Ten Commandments)

번호	내용
1	입장이 아닌 욕구를 파악하라
2	창의적인 대안을 개발하라
3	숨겨진 욕구를 찾아 자극하라
4	Win-Win을 만들려 노력하라
5	숫자 논의 전, 객관적 기준을 설정하라
6	합리적 논거를 협상의 지렛대로 활용하라
7	BATNA를 준비하고 활용하라
8	인간관계를 협상의 토대로 삼아라
9	질문을 반복하라
10	협상 준비 테이블(NPT)을 활용해 철저히 준비하라

표 7-5. BATNA와 NPT 개념 정리

용어	정의	활용 방법
BATNA(Best Alternative to a Negotiated Agreement)	협상 결렬 시 내가 선택할 수 있는 최선의 대안	협상의 하한선 확보
NPT(Negotiation Preparation Table)	협상 전 고려해야 할 핵심 요소 정리표	목표, 상대 정보, BATNA 등 사전 준비 정리

연습문제

1 객관식 최상의 협상법에 해당하지 않는 것은? (　　)

① 이익이 남는 협상
② 현명한 협상
③ 효율적인 협상
④ Win-win 협상

2 OX문제 서희는 소손녕과의 협상을 위한 첫 만남에서 대등한 관계를 만드는 것을 가장 중요하게 여겼다고 보인다. (　　)

3 주관식 원칙론적 협상법에서 사람을 문제와 확연히 구별하라는 내용이 있다. 서로 입장이 다를 수 있기에 여러분이 생각하는 협상에 임하는 사람이 적인지 동지인지 구분하여 보아라.

(　　　　　　　　　　　　　　　　　　　　　　　　　　　　)

8장

공학 윤리

1. 기업 윤리
2. 윤리경영
3. 화학공학과 공학 윤리
4. ESG 경영
5. 기업가 정신: 창의적 도전의 씨앗

1. 기업 윤리

1) 기업의 역할 변화와 윤리의 중요성

한때 기업의 최우선 목표는 '이윤 추구'였습니다. 그러나 오늘날에는 이윤만큼이나 사회적 가치와 윤리적 책임이 강조되고 있습니다. 기업이 사회와 함께 성장하기 위해서는 다양한 이해관계자들과의 공생을 고려한 경영이 필수적입니다. 기업 윤리란, 단순히 법을 지키는 것을 넘어, 기업이 사회적 신뢰를 얻기 위해 지켜야 할 윤리적 기준과 행동을 말합니다.

2) 사회적 기업의 등장

사회적 기업은 영리만을 목적으로 하지 않고, 다음과 같은 사회적 가치를 추구합니다.

- 취약계층에게 일자리 제공
- 지역사회 발전에 기여
- 사회 서비스 제공

이는 공기업과는 구별되며, 사익보다 공익을 우선시한다는 점에서 윤리적 경영의 실천 사례로 주목받습니다.

3) 기업 윤리가 성과에 미치는 영향

많은 연구에 따르면 윤리적 기업 활동은 다음과 같은 이유로 기업 성과에 긍정적인 영향을 미칩니다.

- 장기적 투자 성격: 윤리경영은 시간과 노력을 들여 신뢰와 평판을 쌓는 활동입니다.
- 위험 대응력 강화: 위기 상황에서 이해관계자들의 신뢰는 회복의 원동력이 됩니다.

- 브랜드 가치 상승: 윤리적 기업은 더 많은 소비자의 지지를 받아 시장에서 우위를 점할 수 있습니다.

✅ 유한양행, 유한킴벌리 사례: 오랜 기간 윤리경영을 실천한 결과, 위기 상황에서도 빠르게 회복하며 높은 기업 신뢰도를 유지하고 있습니다.

4) Carroll의 CSR 4단계 이론

기업의 사회적 책임(CSR, Corporate Social Responsibility)은 다음과 같은 4단계로 설명됩니다.

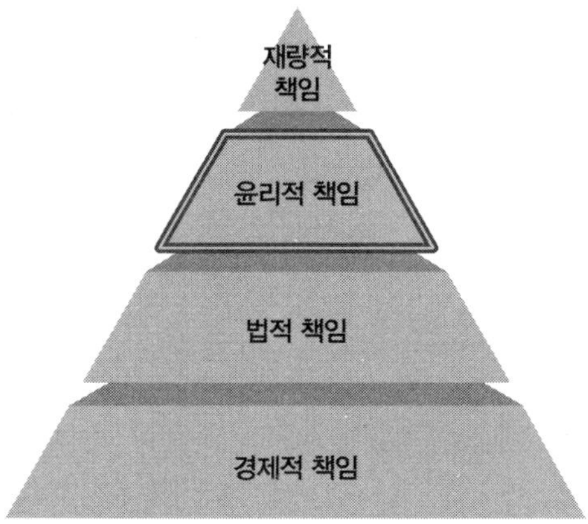

그림 8-1. Carroll의 분류

단계	설명	예시
① 경제적 책임	제품 생산 및 이윤 창출	적정한 가격에 양질의 상품 판매
② 법적 책임	법과 규정을 준수	회계 투명성 확보, 안전 기준 준수
③ 윤리적 책임	사회 통념과 도덕 기준 준수	환경보호, 고용 다양성
④ 재량적 책임	자발적인 사회 공헌	기부, 지역사회 교육 지원

이처럼 윤리적 책임은 법적 의무를 넘는 기업의 도덕적 기준으로 자리 잡고 있습니다.

2. 윤리경영

1) 윤리경영의 정의

윤리경영(Ethical Management)은 경영활동 전반에 있어 사회적 윤리 가치를 기준으로 삼는 경영 철학입니다. 단기적 이익만이 아닌, 장기적 신뢰 구축과 지속 가능성을 추구합니다.

2) 경영 방식의 유형

유형	설명	문제점
비윤리 경영	법과 윤리를 무시하고 이익만 추구	불법행위, 신뢰 상실
초윤리 경영	법만 지키면 된다는 태도	법망을 교묘히 회피하며 사회적 문제 유발
윤리 경영	법뿐 아니라 사회 통념까지 고려	지속 가능한 기업 성장 가능

3) 윤리경영의 실천 방법

- 경영 윤리 체계 수립: 비즈니스 윤리를 명문화하고 기준을 설정
- 윤리교육 및 가이드 제공: 임직원 행동 기준 제시
- 평가 시스템 운영: 윤리 성과를 정성적 지표로 관리(예 지역사회 기여도, 직원 만족도 등)
- 거부권 부여: 비윤리적 지시에 대해 거부할 수 있는 제도 마련

✓ RE100은 전력을 100% 재생에너지로 사용하겠다는 기업들의 자발적 선언으로, 윤리경영의 일환입니다.

3. 화학공학과 공학 윤리

1) 공학 윤리의 필요성

공학 기술은 인간의 삶에 막대한 영향을 미치기 때문에, 공학자에게는 기술력 못지

않게 윤리적 책임이 요구됩니다. 특히 화학공학 분야는 환경, 건강, 안전과 직결되므로 다음의 기준을 고려해야 합니다.

- 안전성: 실험 및 생산 과정에서 사고 예방
- 환경보호: 유해 물질 배출 최소화
- 공익 추구: 사회 전반에 긍정적 영향 제공

2) 엔지니어로서의 윤리적 딜레마

윤리적 판단은 항상 명확하지 않습니다. 예를 들어,

- 이윤이 높은 공정이지만 환경을 해치는 경우?
- 기술 개발로 일자리를 줄이게 되는 경우?

이런 상황에서 공학자는 법적 기준을 넘어서 사회적 책임과 공공의 이익을 함께 고려해야 합니다.

✓ 사례 토론: 인도네시아 팜유 농장은 지역 경제에 도움을 주지만, 열대우림을 파괴하고 있습니다. 환경과 경제 사이에서 어떤 선택이 옳은가요?

✓ 정리: 공학인으로서의 자세

- 공학적 사고력과 함께 윤리적 사고력을 키워야 합니다.
- 단기 이익보다 장기적인 가치와 신뢰를 중시해야 합니다.
- 팀원 간 토론과 협업을 통해 윤리적 딜레마에 대한 합리적 판단을 내려야 합니다.

✓ "공학의 힘은 윤리를 만나야 비로소 사람을 위한 기술이 된다."

3) 과학기술인 윤리 강령

과학기술인 윤리 강령은 과학기술인이 연구 및 기술 활동을 수행할 때 지켜야 할 윤리적 가치와 행동 원칙을 명시한 지침입니다. 이는 과학기술인의 사회적 책임, 연구의 정직성, 공정성, 안전성, 인권 존중 등을 강조하며, 과학기술이 인류 복지에 이바지하도록 하는 데 목적이 있습니다.

- 연구 윤리 교육 의무화(대학 및 정부출연연구기관)
- 연구부정행위(예 표절, 부당한 저자 표시 등) 방지를 위한 제도 마련
- 연구 윤리위원회 운영
- 생명윤리, AI 윤리 등 분야별 세부 윤리기준 마련

▶ 과학기술인 윤리 강령: 과학기술기본법 제28조

과학기술인은 진리를 탐구하고, 인류의 삶의 질 향상과 사회발전에 이바지해야 한다. 이를 위해 과학기술인은 정직하고 책임감 있는 자세로 연구에 임하고, 윤리적 가치에 따라 행동해야 한다.

〈주요 윤리 원칙〉

1. 정직성과 신뢰성
   - 연구의 모든 과정에서 데이터를 조작하거나 위조, 표절하지 않으며, 진실을 바탕으로 한 과학 활동을 수행해야 함.
2. 사회적 책임과 공공복지 증진
   - 과학기술의 발전이 인류와 사회에 긍정적인 영향을 미치도록 노력하고, 위험과 부작용에 대한 예방책 마련.
3. 공정한 평가와 심사
   - 평가, 심사, 협업 과정에서 사적 이해관계를 배제하고, 공정하고 객관적인 태도를 유지.
4. 동료 및 후속세대에 대한 배려
   - 동료 연구자 및 관련 분야 종사자들과 상호 존중하고 협력하며, 지식 공유를 장려. 지속적인 자기 계발
5. 지속적인 자기 계발
   - 윤리적 판단 능력과 전문성을 높이기 위해 꾸준히 자기 계발.
6. 과학기술에 대한 올바른 사회적 소통
   - 과학기술이 사회에 미치는 영향을 고려하고, 지속할 수 있는 발전과 공공의 이익을 추구

4) 우리나라와 해외 윤리 강령의 비교

NIH는 연구자들이 지켜야 할 "Responsible Conduct of Research(RCR)" 교육을 필수로 하고 있으며, 다음과 같은 원칙을 강조합니다. UNESCO는 전 세계 과학자들이 따라야 할 윤리기준을 UNESCO의 과학 윤리 선언(2005)으로 시행한 바 있습니다.

항목	한국	미국(NIH)	UNESCO
법적 근거	과학기술기본법	연방 정부 연구 기금 조건	국제 선언 수준
초점	연구 윤리 + 사회적 책임	연구 수행의 정직성	인류 공동의 윤리 가치
강조 요소	정직성, 사회적 책임, 공정성	RCR(책임 있는 연구 수행)	인권, 지속 가능성, 평화
적용 범위	국내 과학기술인	미국 연방 연구자	전 세계 과학자 대상 권고

4. ESG 경영

최근 지구온난화와 환경 오염과 같은 환경 문제는 인류의 생존을 위협할 정도로 심각해지고 있으며, 기업과 정부의 경영에도 큰 영향을 미치고 있습니다. 이러한 문제에 대응하기 위한 국제사회의 노력은 1992년 유엔기후변화협약 채택을 시작으로, 1997년 교토의정서를 통해 온실가스 감축에 대한 국제적 합의로 이어졌습니다.

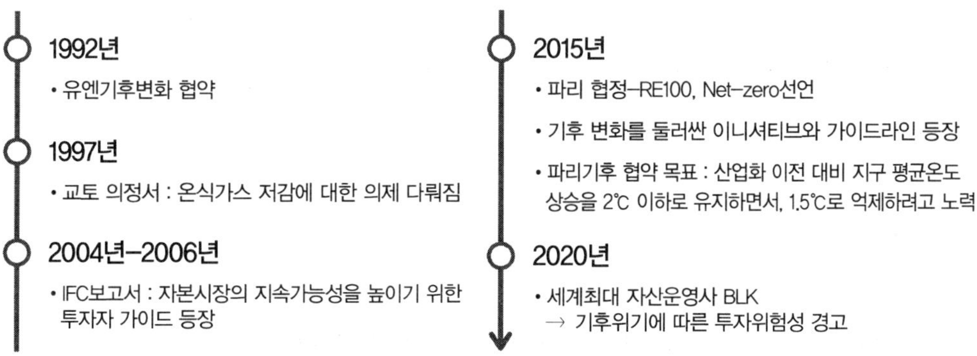

그림 8–2. 지구 온난화에 대응하기 위한 인류의 노력

1) ESG의 등장과 배경

2004~2006년 사이, 세계은행 산하 국제금융공사(IFC)는 자본시장의 지속 가능성을 위한 투자 가이드라인을 발표하면서 ESG 개념을 도입했습니다. 여기서 ESG는 환경(Environment), 사회(Society), 지배구조(Governance)를 의미하며, 지속할 수 있는 투자와 자산 관리의 새로운 기준으로 제시되었습니다. 이후 2015년 파리 기후협약, RE100, Net-Zero 선언 등 글로벌 이니셔티브가 확산하면서 ESG의 중요성은 더욱 커졌습니다.

지구 평균 기온은 최근 30년 동안 약 1.4℃ 상승하였으며, 산업화 이전 대비 2℃ 이하, 나아가 1.5℃ 이하로 제한하려는 노력이 전 세계적으로 진행 중입니다. 이러한 상황에서, 2020년 세계 최대 자산운용사인 블랙록(Black Rock)은 기후 위기가 투자 리스크로 작용하고 있다고 경고하면서, ESG 경영은 글로벌 기업의 핵심 전략으로 자리를 잡게 되었습니다.

2) ESG 경영의 개념과 필요성

ESG 경영은 단순한 사회적 책임 차원을 넘어, 지속할 수 있는 성장과 기업의 생존을 위한 실천적 경영 패러다임입니다. 기존의 기업 경영이 단기 이익과 주주 중심에 초점을 맞춘 결과, 회계 부정(엔론, 리먼 브라더스), 금융위기(서브프라임 모기지론 사태), 환경 파괴 등이 반복되었습니다. 이러한 문제는 기업이 이해관계자 전체의 이익을 고려하는 방향으로 경영 철학을 바꿔야 함을 보여줍니다.

예를 들어, 미국 시가총액의 약 30%를 차지하는 기업 연합체인 비즈니스 라운드테이블(BRT)은 ESG 철학에 따라 주주뿐만 아니라 소비자, 임직원, 정부, 협력사 등 다양한 이해관계자의 가치를 중시하겠다고 선언하였습니다.

ESG는 기업이 투자자에게 비재무적 성과(예 지속가능경영보고서, 이사회 보고서 등)를 전달하는 커뮤니케이션 도구이며, 사회적 가치와 자본시장 사이의 다리를 잇는 역할을 합니다.

① ESG와 기술: 빅데이터, 데이터 과학, 사이버 물리 시스템

ESG 경영을 효과적으로 실행하기 위해서는 다음과 같은 기술 기반 인프라가 필요합니다.

- 빅데이터
- 데이터 과학
- 사이버 물리 시스템(CPS)

이러한 기술들은 ESG 규제를 기업 경영 시스템에 통합하는 데 핵심적인 역할을 합니다. 예를 들어, ESG 관련 규제를 위반할 가능성이 있는 의사결정을 사전에 검출하고 경고해 주는 IT 시스템은 임직원의 합리적인 판단을 도와줍니다.

또한, 데이터 과학은 ESG 규제와 관련된 위험 요소를 사전에 식별하여 프로세스를 개선하고, ESG 관련 전략을 설계하는데 효과적인 도구로 활용됩니다.

한편, 사이버 물리 시스템(CPS)과 인공지능 기술은 ESG 문제 해결을 위한 능동적 기술 기반을 제공합니다. 예를 들어, 드론을 이용한 환경 감시, 자율 로봇을 이용한 오염 대응 활동 등은 ESG 신사업 모델로 발전할 수 있습니다.

② ESG 경영의 5대 어젠다

한 회계법인의 보고서에서는 ESG 경영 시대의 전략 패러다임으로 다음의 5가지 어젠다를 제시하였습니다.

- ESG 규제(Regulation)
- ESG 재무(Financing)
- ESG 인수합병(M&A)
- ESG 기술(Tech)
- ESG 보고(Reporting)

이 중 '규제'와 '기술'은 빅데이터 및 사이버 물리 시스템의 활용과 직접적으로 연결됩니다.

③ ESG 경영의 7가지 특징

ⓐ 명확한 타깃 설정

- 대기업: 기관투자자 중심
- 중소기업: 수요자 중심

ⓑ 투명한 거버넌스 체계와 성과 관리

- ESG 위원회, 사외이사 추천, KPI 반영 등

ⓒ 정보 공개와 커뮤니케이션

- TCFD 등 다양한 공시 기준에 대한 유연한 대응 필요

ⓓ 차별화와 경쟁력 강화

- ESG를 활용한 신사업 사례: 카사바 맥주(SAB Miller, 아프리카 시장)

ⓔ 밸류 체인 전반의 책임 강화

- 공급망, 폐기물 등 전체 가치사슬에 대한 책임 요구

ⓕ 균형 있는 ESG 지표 관리

- 환경(E), 사회(S), 지배구조(G)의 균형 있는 접근

ⓖ 성과의 측정과 입증

- 글로벌 평가제계와 내부 평가 체계 병행

④ ESG 경영의 도입 배경 및 변화 요인

ⓐ 소비자 인식변화: 사회 공헌 브랜드에 대한 소비자 선호 증가

ⓑ 정부 규제 강화

- 2050 탄소중립 정책
- 2025년부터 자산 총액 2조 이상 기업
- 2030년부터 코스피 상장사 전체에 ESG 공시 의무화

ⓒ ESG 금융 확대

- UN PRI 서명 기관 증가
- ESG 우수기업에 대한 금융 혜택 강화

5. 기업가 정신: 창의적 도전의 씨앗

1) 왜 '기업가 정신'인가?

1997년 말, 대한민국은 IMF 외환위기로 국가적 위기에 처하게 되었습니다. 수많은

사람들이 일자리를 잃고, 사회 전반에 위기의식이 팽배한 가운데, 김대중 정부는 신성장 동력으로 정보통신 산업을 선택했습니다. 이 결정의 이면에는 세계 석학들과 실리콘밸리의 핵심 인물들의 조언이 있었습니다.

특히 암백스(AmBex)의 이종문 회장은 당시 미국 실리콘밸리에서 활동하던 대표적인 한인 기업가로, 미국 클린턴 대통령의 아시아 자문역할까지 수행하고 있었습니다. 그는 "한국 정보통신(IT) 산업의 잠재력은 세계 최고 수준"이라는 메시지를 전하며, 미국과의 전략적 협력을 통한 위기 극복을 제안하였습니다. 이러한 시대적 요청 속에서 탄생한 프로그램이 바로 SEIT(Strategy and Entrepreneurship in the IT industry) 프로그램입니다. 이 프로그램은 미국 스탠퍼드대학교에서 진행되었으며, 정보통신업계의 미래 리더들에게 전략과 기업가 정신을 교육하는 데 중점을 두었습니다.

2) SEIT 프로그램과 정보통신(IT) 산업 벤처 생태계의 출발

SEIT는 단순한 연수가 아닌, 대한민국 IT 산업의 부흥을 이끈 씨앗이었습니다. 프로그램 참가자들은 실리콘밸리의 혁신 문화와 벤처 생태계를 직접 경험하고, 서로 강한 연대감을 형성하며 네트워크를 구축했습니다.

이 프로그램에는 컴투스, 넥슨, 한글과컴퓨터, 게임빌, 대원정보통신등 이후 대한민국 게임·IT 산업의 주역들이 참여했습니다. 또한, 김정주(NXC), 안철수(안랩), 전하진(한글과 컴퓨터) 등의 젊은 CEO들도 포함되어 있었습니다. 이들이 배우고 체득한 도전정신, 혁신 마인드, 기업가 정신은 대한민국이 세계 IT 강국으로 도약하는 데 결정적인 역할을 했습니다.

3) 기업가 정신이란 무엇인가?

기업가 정신(Entrepreneurship)은 단순한 사업 수완을 넘어, 다음과 같은 요소를 포함합니다.

- 새로운 가치 창출
- 기회를 인식하고 이를 실행에 옮기는 능력
- 불확실성을 감내하는 태도
- 혁신과 창조적 파괴의 실현

경제학자 슘페터(J. Schumpeter)는 이를 창조적 파괴(Creative Destruction)라고 불렀습니다. 그는 새로운 기술과 아이디어가 기존 질서를 깨고, 자원을 재조합하여 새로운 시장을 창출하는 과정을 강조하였습니다. 또한, 피터 드러커(P. Drucker)는 "기업가 정신은 기회를 포착하여 사업화하려는 체계적 도전 정신"이라고 정의하였습니다.

4) 왜 교육이 중요한가?

IMF 외환위기 시기, 한국은 세계 최고 수준의 교육열에도 불구하고 '벤처'나 '창업'에 대한 명확한 개념 정립이 부족했습니다. 단순히 직장을 구하는 것이 아니라, 새로운 가치를 창출하는 사람을 길러내는 교육이 절실했습니다. SEIT 프로그램은 바로 이 점을 겨냥한 교육이었습니다. 참가자들은 다음과 같은 내용을 학습하였습니다.

- 실리콘밸리의 성공 요인과 혁신 사례
- 비즈니스 모델 개발, 시장 세분화(Segmentation)와 포지셔닝
- 기술 평가 및 경제성 분석
- 리더십, 회계, 마케팅, 조직 설계 전략

이러한 과정을 통해 기업가 정신은 훈련할 수 있는 역량이라는 것이 증명되었습니다.

5) 창의 설계에서의 시사점

창의 설계 입문 과목의 핵심은 팀워크를 통한 문제 해결과 새로운 아이디어의 창출입니다. 이는 곧 기업가 정신의 주요 요소들과 일치합니다.

- 문제 상황에서 기회를 찾고,
- 기존 틀을 넘어서 혁신을 도모하며,
- 팀원과 협업하여 가치를 창출하는 과정은 바로 앙뜨레프레뉴어쉽(Entrepreneurship)의 본질이기 때문입니다.

정리

기업가 정신은 단순히 기업을 창업하는 데에만 필요한 것이 아닙니다. 변화를 두려워하지 않고, 도전과 실패를 수용하며, 창의적으로 문제를 해결해 나가는 태도는 모든 공학도에게 필요한 핵심 역량입니다.

IMF 위기의 극복은 단순한 경제적 회복이 아닌, 교육을 통해 도전 정신을 길러낸 성공 사례였습니다. 이제 여러분도 창의 설계 프로젝트를 통해 나만의 기업가 정신을 실현하는 작은 시작을 만들어 보기 바랍니다.

연습문제

1 객관식 ESG에 대한 설명으로 잘못된 것은? (   )

① ESG 경영은 주주 이익 극대화를 강조하는 21세기 신경제 프레임이다.
② ESG란 환경(Environment), 사회(Society), 지배구조(Governance)를 나타내는 말이다.
③ 투자자에게 기업의 지속 가능 보고서나 이사회 보고서와 같은 비재무 성과를 커뮤니케이션하는 프레임이다.
④ 2004년 IFC 보고서에서 자본시장의 지속 가능성을 높이기 위한 투자자 가이드로 처음 등장하였다.

2 OX문제 기업의 사회적 책임이란 기업들에게 강제적으로 사회적, 환경적 관심을 영업활동과 그들의 이해관계자들과의 상호작용에 통합하게 하는 21세기 신경영 개념이다. (   )

3 주관식 토지, 노동 그리고 자본은 자본주의 경제의 필수이며 요즘은 뭔가를 만들어 보겠다는 정신을 제4의 요소로 넣는다. 이 정신을 무엇이라 하는가?

(   )

9장

공학 문제 해결과 창의력

1. 창의력, 왜 중요한가?
2. 창의적 공학 문제 해결
3. 창의력 향상하기

1. 창의력, 왜 중요한가?

창의력(creativity)이란 새롭고도 유용한 산출물을 만들어내는 능력을 말합니다. 이는 21세기 공학인의 필수 소양이며, 많은 기업에서 대학 졸업자를 채용할 때 가장 중요하게 여기는 역량입니다. 특히 공학 설계에서는 정답이 하나뿐인 폐쇄형 문제가 아니라 다양한 해결책이 가능한 개방형 문제(open-ended problem)가 주어지기 때문에 창의적 사고는 더욱 필수적입니다.

창의력은 다음의 네 가지 요소로 구성됩니다.

- 유창성(fluency): 짧은 시간 안에 많은 아이디어를 도출하는 능력
- 유연성(flexibility): 다양한 관점에서 문제를 바라보고 해결책을 제시하는 능력
- 정교성(elaboration): 아이디어를 구체적이고 실현할 수 있는 방식으로 발전시키는 능력
- 독창성(originality): 다른 사람이 생각하지 못한 독특한 아이디어를 내는 능력

1) 창의적 사고의 실제 예시

아래는 창의적 사고를 자극하는 문제들입니다. 각 질문은 사고의 유연성과 문제 해결 능력을 점검하기 위한 것입니다.

Q1 금속 조각으로 인한 가공 중단 문제: 선반 작업을 자동화하여 로봇으로 교체했습니다. 초기에는 품질과 생산성이 크게 향상되었지만, 시간이 지나면서 선반 아래에 금속 조각(쇳밥)이 쌓여 기계 가공이 중단되었습니다. 어떻게 해결하시겠습니까?

정답 예시 장비를 거꾸로 설치하면 로봇은 문제없이 작업할 수 있고, 금속 조각은 자연스럽게 바닥으로 떨어져 쉽게 제거할 수 있습니다.

Q2 벌레의 체온 측정: 벌레의 체온을 간단히 측정할 방법은 무엇일까요?

정답 예시: 병에 벌레를 가득 넣고 체온계를 삽입하여 병 안의 평균 온도를 측정하면

됩니다. 벌레가 많을수록 정확도는 높아집니다.

Q3 냉장고에 기린을 넣는 법

정답 예시 냉장고 문을 연다 → 기린을 넣는다 → 냉장고 문을 닫는다 → 문제를 단순하게 바라보는 시각과 일의 마무리를 점검하는 문제입니다.

Q4 냉장고에 코끼리를 넣는 법

정답 예시 냉장고 문을 연다 → 기린을 꺼낸다. → 코끼리를 넣는다 → 문을 닫는다 → 상황 인식과 원인-결과 관계를 이해하는 사고능력을 확인합니다.

Q5 정글의 왕 사자 라이언킹이 동물 컨퍼런스를 소집했는데 한 마리만 참석하지 않았습니다. 동물 컨퍼런스에 빠진 동물은?

정답 예시 코끼리(→ 냉장고에 있기 때문입니다) → 기억력과 앞서 배운 정보 활용을 묻는 문제입니다.

Q6 악어가 있는 강을 건너는 방법은?

정답 예시 헤엄쳐서 건너간다. (모든 악어가 컨퍼런스에 참석 중입니다) → 실수를 빨리 인지하고 수정하는 사고 전환 능력을 묻는 질문입니다.

2) 창의적 사고란 무엇인가?

창의적 사고란 새롭고 유용한 아이디어를 생성하는 확산적 사고(divergent thinking)입니다. 이는 지능과는 구별되는 사고방식이며, 훈련과 연습을 통해 계발될 수 있습니다. 창의적 사고의 요건은 다음과 같습니다.

- 사고의 유연성
- 풍부한 아이디어 도출 능력
- 호기심과 유머 감각
- 다양한 관찰력

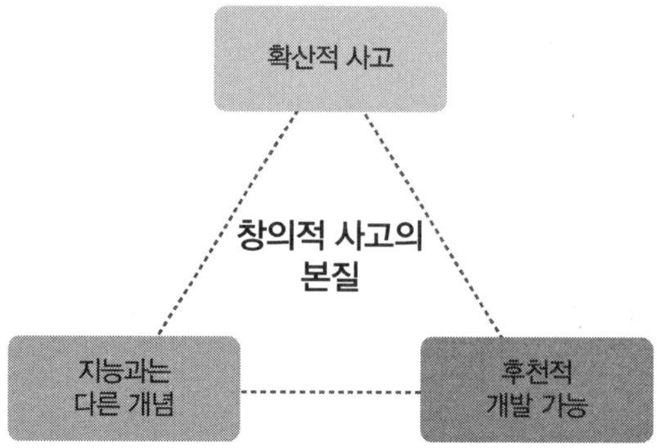

그림 9-1. 창의적 사고의 본질

3) 창의적 사고를 방해하는 장애 요인

(1) 일반적인 방해 요인

- 인식의 장벽: 기존 방식에서 벗어나기 어려움
- 문화의 장벽: 전통, 조직 문화에 대한 순응
- 감정의 장벽: 실패에 대한 두려움, 자존감 부족

  → 가장 큰 방해 요인은 고정관념(fixed idea)입니다.

(2) 창의적 사고의 4가지 방해 요인(창의적 공학 설계(김은경 저자))

- 심리적 타성: 기존 경험에 얽매여 혁신을 꺼리는 태도
- 잘못된 문제 정의: 문제의 본질과 무관한 목표 설정
- 다학제적 지식 부족: 다양한 분야의 융합적 사고 결여
- 모순 회피: 문제 내의 모순을 회피하거나 단편적으로 타협

(3) 제임스 C. 카우프만의 9가지 창의성 방해 사고

- 해결책은 하나뿐이라는 생각
- 권위에 순응하는 태도
- 계획표에만 의존하는 사고
- 독창성 무시에 대한 두려움

- 학문 간 연계 방해
- 질문을 조롱하는 태도
- 창의성은 타고난다고 믿는 고정관념
- 몰입을 두려워하는 사고
- 공부는 재미없다는 고정관념

(4) 제임스 C. 카우프만의 12가지 창의성 저해 요인

- 한 가지 재능만 인정
- 창의성 연구 무시
- 최고만을 인정하는 문화
- 아이디어를 과거 기준으로만 평가
- 새로운 아이디어를 터부시
- 이해 못 하면 반대
- 눈에 띄면 위험하다는 고정관념
- 창의성에 대한 낮은 보상
- 실패보다 도전을 회피
- 창의성의 독단적 판단
- 창의성 억압하는 프로그램
- 비밀주의적 문제 해결

4) 창의력 향상 방법

창의적 사고는 계발될 수 있습니다. 다음과 같은 습관은 창의력 향상에 도움을 줍니다.

- 끊임없는 질문 던지기
- 다양한 분야의 독서
- 타인의 아이디어를 경청하고 수용하기
- 주변 관찰 습관

- 유머 감각 유지하기
- 아이디어 노트 작성
- 고정관념을 의심하기
- 다양한 취미 활동
- 도전하는 용기와 자신감

정리 창의력은 공학 설계의 출발점입니다. 문제를 새롭게 정의하고, 기존과는 다른 방식으로 해결책을 제시할 수 있는 사고방식이야말로 창의 설계 입문에서 가장 먼저 길러야 할 자질입니다. 다음 장에서는 이러한 창의적 사고를 팀 기반 프로젝트에 어떻게 적용할 수 있을지 살펴봅니다.

2. 창의적 공학 문제 해결

1) 공학 문제 해결에서의 창의적 사고

21세기는 정보의 시대를 넘어 아이디어의 시대입니다. 과거에는 지식의 양과 암기 능력이 개인의 가치를 결정했지만, 오늘날은 독창적인 사고와 문제 해결을 위한 창의적 접근이 더 큰 경쟁력이 됩니다.

공학 분야에서도 마찬가지로, 문제 해결에 있어 정형화된 절차가 존재하지만, 그 안에서 창의성을 어떻게 발휘하느냐에 따라 결과는 크게 달라집니다. 특히, 개방형 문제(open-ended problem)를 다룰 때는 정답이 정해져 있지 않기 때문에 팀 내에서 다양한 아이디어를 발산하고, 이를 구체화하고, 평가하는 과정이 핵심입니다.

창의적 문제 해결은 단순한 '번뜩임'이 아닌 문제 정의 → 아이디어 창출 → 구체화 → 평가 → 개선의 과정을 통해 완성됩니다.

표 9-1. 공학 문제 해결을 위한 표준 프로세스

문제의 정의	해결해야 할 문제를 짚어내고, 막연한 요구사항을 정량화한 후, 문제의 해결 목표와 해결 일정을 구체적으로 결정하는 과정
아이디어 창출	여러 아이디어 창출 기법을 사용하여 문제 해결책들에 대한 아이디어를 찾는 단계 (정제되지 않은 아이디어, 질보다 양을 중요)
아이디어 평가	정제되지 않은 다수의 아이디어를 좀 더 실용적인 단계로 만드는 과정. 아이디어를 분류하고 조합하는 과정을 통하여 실제 문제 해결에 도움이 되는 방향으로 아이디어를 다듬는 단계
아이디어 판단	창의적 판단 과정으로 소수의 아이디어 후보 중에서 문제 해결 방안으로 가장 적합한 아이디어를 최종적으로 선택하는 과정
아이디어 실행	아이디어의 실행 단계로 최종 선택된 해결 방안을 효율적으로 실천하는 과정
문제 해결	문제 해결 완료

2) 아이디어 다듬기: 아이디어의 구체화

① 브레인스토밍 이후의 단계

아이디어 다듬기란 아이디에이션(ideation) 단계에서 나온 자유롭고 엉뚱한 아이디어들을 실현할 수 있는 개념으로 발전시키는 과정입니다. 이 단계에서는 다음의 두 가지 사고방식이 핵심입니다.

- 발산적 사고(divergent thinking): 자유롭게 다양한 아이디어를 창출하는 사고방식
- 수렴적 사고(convergent thinking): 아이디어들을 정리하고, 실현 가능성과 효용성을 중심으로 우선순위를 결정하는 사고방식

② 발산적 사고와 수렴적 사고

창의적 문제 해결은 흔히 발산적 사고와 수렴적 사고라는 두 가지 상반된 사고방식의 균형 속에서 이루어집니다. 문제를 정의하고 해결책을 탐색해 나가는 전 과정에서, 이 두 사고는 서로를 보완하며 유기적으로 작동합니다. 특히 아이디어를 구체화하는 단계에서는 이 사고방식이 크게 도움이 됩니다.

ⓐ **발산적 사고**(Divergent Thinking)

발산적 사고란 하나의 문제나 자극에서 출발하여 가능한 한 많은 아이디어, 대안, 가능성을 자유롭게 떠올리는 사고방식입니다. 기존의 틀이나 정답에 얽매이지 않고, 사고의 방향을 확장하고 다양화하는 데 중점을 둡니다.

- 특징
  - 자유롭고 유연한 사고
  - 다양한 관점과 접근을 허용
  - 질보다 양을 먼저, 많은 아이디어 생성이 핵심
  - 판단과 비판을 일시적으로 유보
- 대표적인 발산적 사고 기법

사고기법	설명
브레인스토밍(Brainstorming)	판단을 배제하고 가능한 많은 아이디어를 짧은 시간 안에 도출하는 대표적인 팀 아이디어 도출 기법
SCAMPER	기존 아이디어를 대체(Substitute), 결합(Combine), 수정(Adapt) 등의 방법으로 확장해 나가는 기법
마인드맵(Mind Map)	중심 개념에서 연관된 아이디어들을 방사형으로 연결하여 시각화하는 기법
연상 게임/이미지 연상	한 단어, 이미지, 개념에서 자유롭게 연결되는 생각을 확장

ⓑ **수렴적 사고**(Convergent Thinking)

수렴적 사고란 발산적 사고로 도출된 여러 아이디어 중에서 현실적인 조건, 타당성, 실행 가능성 등을 기준으로 적절한 해답을 찾아내는 사고방식입니다. 논리적이고 분석적인 평가 과정을 통해 해결안을 구체화합니다. 아이디어 다듬기 과정에서는 다음과 같은 활동이 포함됩니다. 모호한 아이디어를 구체화하기, 비현실적인 아이디어를 현실적으로 조정하기, 문제 해결을 위한 실용성 중심으로 재구성하기

- 특징
  - 논리적이고 체계적인 사고
  - 아이디어를 평가, 분석, 비교
  - 최적의 대안을 선별해 집중
  - 실현 가능성과 효율성 중시

• 대표적인 수렴적 사고 기법

사고기법	설명
Pugh 매트릭스 (Pugh Matrix)	여러 대안을 평가 기준에 따라 점수화하여 비교 분석하는 도구
결정 행렬법 (Decision Matrix)	다양한 대안의 장단점을 비교해 가중치를 부여하고 최적 해를 선택
KJ 기법 (Affinity Diagram)	발산된 아이디어를 유사성에 따라 분류하여 구조화하고 핵심 주제를 도출
PMI 기법 (Plus, Minus, Interesting)	각 대안의 장점, 단점, 흥미로운 점을 나누어 평가

ⓒ 창의적 문제 해결에서의 통합적 활용

실제로 문제를 해결할 때는 발산적 사고와 수렴적 사고를 단계적으로 혹은 반복적으로 활용합니다. 발산적 사고를 통해 다양한 아이디어를 생성 → 수렴적 사고를 통해 아이디어를 분석하고 최적안 도출

3) 아이디어 판정: 최선의 아이디어 선택하기

① 아이디어 판정이란?

아이디어 판정은 아이디어 창출과 다듬기 과정을 거쳐 나온 후보 중에서 최종적으로 어떤 아이디어를 선택할지를 결정하는 단계입니다. 이 과정은 전체 문제 해결의 질을 결정짓는 매우 중요한 절차입니다.

② 필수 사고 역량

아이디어 판정 단계에서는 다음과 같은 비판적 사고능력이 요구됩니다.

- 판단 근거를 논리적으로 설명하는 능력
- 아이디어의 결점과 위험 요소를 파악하고 개선 방향을 제안하는 능력
- 편향, 과도한 일반화, 허위 인과관계 등을 인식하는 능력
- 객관적 자료와 근거 기반으로 결론을 도출하는 능력

4) 아이디어 판정 절차

아이디어를 객관적으로 평가하고 최선의 아이디어를 선택하기 위한 3단계 평가 절차는 다음과 같습니다.

▶ Step 1. 판정 기준 설정

- 브레인스토밍을 통해 다양한 판단 기준을 도출
- 직관법이나 2안 비교법을 통해 중요도 순위화
- 상위 몇 개 기준을 최종 판단 기준으로 확정

▶ Step 2. 아이디어 서열화

- 장단점 행렬법 또는 가중순위 결정법을 사용하여 평가
- 정량적 비교를 통해 점수를 부여하고 서열 결정

▶ Step 3. 최종 아이디어 개선

- 선택된 아이디어의 단점을 보완
- 탈락한 아이디어의 장점을 융합하는 방식으로 개선안 구상

5) 가중순위 결정법(Weighted Scoring Method)

복수의 아이디어 중에서 체계적으로 평가하고 선택하기 위한 대표적인 방법입니다.

단계	내용
①	평가 기준을 모두 나열
②	2안 비교법을 이용해 기준의 중요도를 비교
③	상위 몇 개 기준을 선정하여 가중치를 부여(총합 = 1)
④	가중순위 행렬표를 작성(행: 아이디어, 열: 평가 기준)
⑤	각 아이디어를 기준별로 평가
⑥	각 평가점수에 가중치를 곱하여 가중 점수 산출
⑦	아이디어별로 가중 점수를 합산
⑧	총점 기준으로 최종 순위 결정

단계	내용
⑨	결과의 타당성을 검토(오류 여부 등 확인)
⑩	선택된 아이디어의 단점 보완 및 최종 개선안 작성

Note 가중순위 결정법은 아이디어 평가에서 주관적 판단을 줄이고, 객관성과 구조화된 결정을 돕는 도구입니다. 이와 같은 체계적인 아이디어 창출, 다듬기, 판정 과정은 팀 프로젝트 수행 시 구성원 간의 소통과 협업 능력을 키우고, 창의적 문제 해결 역량을 증진하는 데 핵심적인 역할을 합니다.

3. 창의력 향상하기

1) 창의적 사고의 이해

창의적 사고는 단순히 '새로운 생각을 하는 것'에 그치지 않습니다. 유창성(Fluency), 유연성(Flexibility), 정교성(Elaboration), 독창성(Originality)의 네 가지 요소가 조화를 이루어야 진정한 창의성이 발현됩니다. 창의력을 키우기 위한 핵심 원리는 다음과 같습니다.

- 자율성의 원리: 학습자 스스로 문제 해결에 열정적으로 참여할 수 있는 자율적인 분위기가 중요합니다.
- 개방성의 원리: 팀원 간 자유롭게 의견을 나눌 수 있는 개방적인 환경을 조성합니다.
- 다양성의 원리: 문제 해결을 위해 다양한 시각과 접근법을 장려합니다.
- 통합의 원리: 서로 다른 지식과 경험을 연결해 새로운 통찰을 이끌어냅니다.
- 판단 보류의 원리: 아이디어 제안 초기에는 비판이나 평가를 보류하여 자유로운 사고를 장려합니다.

이러한 원리는 팀 활동, 브레인스토밍, 설계 프로젝트 등에 모두 적용될 수 있으며, 창의성을 구조적으로 키우는 데 도움이 됩니다.

2) 창의성 모델: 토랜스의 이론

엘리스 폴 토랜스(Ellis Paul Torrance)는 '창의성의 아버지'라 불리는 학자로, 창의성을 향상하는 체계적인 모델을 제시했습니다. 그의 이론에 따르면 창의적 사고와 행동은 다음 세 가지 요소에 의해 결정됩니다.

- 창의적 발상 도구: 브레인스토밍, 마인드맵, SCAMPER, TRIZ 등
- 지식과 경험: 전공 지식, 정보 수집 능력, 집중력, 추진력, 인내심, 협업 및 의사소통 능력
- 동기 부여: 내적/외적 동기, 보상, 학습 및 근무 환경, 재미 요소, 성취감 등

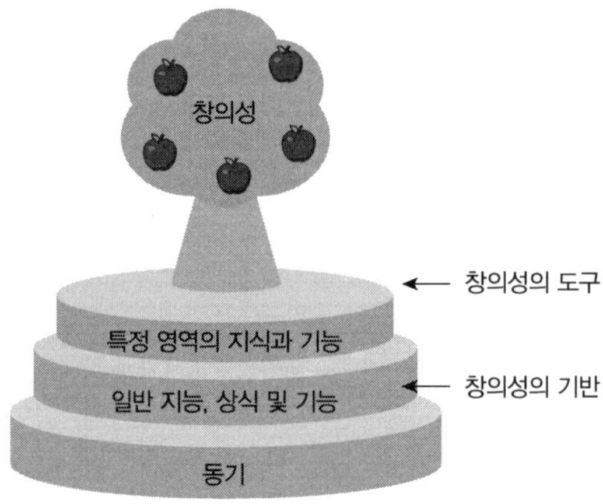

그림 9-2. 창의성의 기반 및 도구

3) 창의성 구성 요소별 향상 전략

① 유창성(Fluency) 향상하기

유창성이란 짧은 시간 안에 다수의 아이디어를 떠올릴 수 있는 능력입니다. 언어 표현력이 곧 사고의 확장력과 연결된다는 점에서, 어휘력과 말하기 연습은 매우 중요합니다. 이를 향상하기 위해 다음과 같은 활동을 활용할 수 있습니다.

- 끝말잇기, 연상 단어 게임, 크로스 워드 퍼즐, 언어 퍼즐 게임
- 구전동요 외우기, 랩 가사 따라 부르기(예 '태극기' 동요, 여자 친구의 '치타보다 빠른 주말 랩')

- 주어진 주제에 대해 제한 시간 내 가능한 많은 단어/문장 떠올리기
- 타인의 아이디어에 덧붙이기(브레인스토밍 편승)

Tip | '하루 5분 끝말잇기'를 일상 습관으로 만들어 보세요. 말이 풍부해질수록 생각도 풍성해집니다.

연습 과제 일상에서 자주 접하는 사물(예 '종이컵')을 활용하여 가능한 많은 사용법을 3분 안에 나열해 보세요.

② 유연성(Flexibility) 향상하기

유연성이란 문제를 다양한 관점에서 바라보고 새로운 접근을 시도할 수 있는 능력입니다. 생각의 틀을 깨고, 다양한 문화와 경험을 접하면 사고의 폭이 넓어집니다. 이를 위해 다음과 같은 훈련이 유익합니다.

- 브레인스토밍, SCAMPER, TRIZ 기법 연습
- 다양한 문화 체험(여행, 음식, 관습 이해 등)
- 림보 게임, 몸의 유연성 훈련과 사고 훈련 연계
- 창의적 퀴즈 풀이: 예 "냉장고에 기린 넣기 문제", "로봇 선반공 문제"

Tip | '만약 내가 외계인이라면 이 문제를 어떻게 볼까?'처럼 시점을 전환해 보세요. 사고의 유연성이 자랍니다.

실습 아이디어 한 가지 문제(예 '캔 음료 따기')를 최소 5가지 다른 방식으로 해결하는 방법을 팀원과 함께 도출해 보세요.

③ 정교성(Elaboration) 향상하기

정교성이란 아이디어나 사고를 구체적이고 면밀하게 다듬는 능력입니다. 사소한 디테일에 주의를 기울이는 습관은 정교한 사고력을 기르는 데 필수입니다. 향상 전략은 다음과 같습니다.

- DIY, 조립 가구 만들기, 그림 그리기, 레고 블록 등 세밀한 활동
- 그림 퍼즐, 조립 매뉴얼 따라 하기

- 구체적 회상 훈련: 지난 일주일 동안의 행동을 시간 단위로 떠올리기
- 향후 계획의 시나리오 작성 및 점검
- 남의 아이디어를 보완하거나 구체화하는 브레인스토밍 훈련

Tip | '오늘 하루 있었던 일을 10문장으로 자세히 써보기' 훈련을 해보세요. 표현력과 세밀함이 함께 자랍니다.

팀 활동 제품의 사용 시나리오를 작성하고, 사용자의 행동을 시간대별로 구체화하여 발표해 보세요.

④ 독창성(Originality) 향상하기

독창성은 누구도 생각하지 못한 독특한 아이디어를 떠올리는 능력입니다. 이를 키우려는 방법은 다음과 같습니다.

- 새로운 장소 방문, 이국적인 문화 탐색
- 기존 아이디어의 변형(모방+개선) → 특허 사례 분석 및 TRIZ 아이디어 전환 훈련
- 책 읽기와 감상문 쓰기, 깊이 있는 독서 토론
- 모방에서의 변형 시도, 기존 제품의 용도 바꾸기, 스토리 뒤집기 등
- 상상력 기반 창작 활동(스토리텔링, 공상과학 시나리오 작성 등)

Tip | 하루에 하나씩 '이걸 다르게 쓸 수 있을까?'라는 질문을 던져보세요. 독창적인 사고의 훈련이 됩니다.

실습 예시 팀별로 전혀 새로운 재료(예 젤라틴, 커피 찌꺼기 등)를 활용한 신제품 아이디어를 제안하고 포스터 발표하기

4) 창의성의 사고 구조: 발산과 수렴

창의성은 발산적 사고(Divergent Thinking)와 수렴적 사고(Convergent Thinking)의 균형으로 완성됩니다.

사고 유형	설명	활용 도구
발산적 사고	아이디어를 다양하게 생성하고 자유롭게 확장하는 사고	브레인스토밍, SCAMPER, TRIZ, 마인드맵 등
수렴적 사고	생성된 아이디어를 평가하고 선택하는 사고	평가 행렬법, PMI, 하이라이팅, 수렴토론 등

프로젝트 Tip | 발산적 사고 단계에서는 비판을 자제하고 아이디어를 최대한 개방적으로 수집하고, 수렴적 사고 단계에서 아이디어를 분류하고 정제하여 최적의 해결안을 도출하세요.

정리

창의성은 훈련으로 성장할 수 있다.

창의력은 타고나는 능력이라기보다 의식적인 훈련과 반복을 통해 계발되는 역량입니다. 창의 설계 입문 수업에서의 팀 프로젝트는 이 훈련을 실천할 수 있는 훌륭한 기회입니다. 기억하세요.

- 실수를 두려워하지 마세요.
- 판단을 유보하고, 열린 마음으로 접근하세요.
- 팀원의 아이디어를 존중하고 확장하세요.
- 반복적인 연습 속에 창의력이 자랍니다.

표 9-2. 창의적 발상법

창의적 발상 도구	특징
브레인스토밍	비판금지, 자유분방, 질보다 양, 결합과 개선
브레인라이팅	아이디어 고안 시에 글로 써서 제안
역 브레인스토밍	비판 장려
고든 법	문제 추상화를 통한 폭넓은 정보 탐색
마인드맵	주요 개념을 상호 연결하여 지도처럼 표현
스캠퍼	9가지 변형적 아이디어 연결법
퓨처링	문제가 해결된 미래의 어느 순간을 상상하면서 해결
시네틱스	관련 없는 요소 간의 아이디어 연결
수평적 사고	비전통적이고 비논리적인 방법으로 해결 모색
수렴적/발산적 연쇄 질문	문제 범위를 점점 좁히거나 넓혀가며 문제의 배경을 찾는 방법. 전자는 원인 전개, 후자는 목적 전개
KJ 분석법	구별 짓기
트리즈	구조적인 창의적 문제 해결 이론

브레인스토밍법도 발산적 사고를 활용하는 좋은 방법입니다. 브레인스토밍은 4가지 규칙이 있으며 이를 잘 지켜야 효율이 높아집니다. 따라서 이 규칙 위반자에게는 3진 아웃 제도를 도입하는 방법도 브레인스토밍 발상법의 효율을 높일 수 있습니다.

표 9-3. 브레인스토밍 발상법

1	가능한 한 많이– Focus on quantity
2	비판 불허– No criticism
3	기발한 생각– Unusual ideas are welcome!!
4	편승 장려– Combine and improve ideas

6) SCAMPER 법의 발상

변형 또는 조작은 창조와 이웃사촌이라고 합니다. 대부분의 창조적인 아이디어는 기존의 아이디어에 첨가 또는 약간의 변형을 통해서 얻어집니다. 1909년 Henry Ford가 신형 자동차 'Model T'를 발표할 당시에 다음과 같이 고백했다고 합니다. 사실 나는 새로운 무엇을 발명한 것이 아닙니다. 단지 다른 사람들이 발명한 것을 결합하여 차를 만들었습니다. 만약 내가 50년만 더 일찍 이 일을 시작했다면 실패로 끝났을 것입니다.

표 9-4. SCAMPER의 의미 및 사례

약자	의미	설명	예
S	대체 (substitute)	다른 재료, 요소	• 유리컵에서 종이컵으로 • 동전 주차 요금 징수기에서 스마트 요금 징수기로 • 마트 Cashier의 바코드에서 무인 RFID 정산으로 • 열차 개찰구에서 무인화/태블릿으로
C	결합 (combine)	혼합, 조립	• 구텐베르크 인쇄기(코인 펀치기 + 와인 프레스기) • 리트라콘(광섬유 결합하여 빛을 통과시키는 반투명 콘크리트) • 지우개 달린 연필 • 스마트폰 • 의료용 스마트 변기
A	적용 (adapt)	다른 아이디어 도용	• 장미 넝쿨을 철조망에 적용 • 엉겅퀴 원리를 벨크로 찍찍이로 적용 • 관절염 치료를 위해 개발한 월풀의 자쿠지 욕조 • 멀티플렉스 시네마의 푸드 코트

약자	의미	설명	예
M	변형 및 확대 (modify & magnify)	뜻, 색깔, 동작, 모양의 변형 및 확대	• Post-it, 시계에서 자연의 소리를 담은 뻐꾸기시계로 • 와플에서 아이스크림콘으로, 색상과 모양 변경 상품 • 키높이 구두 • 차가울 땐 맥주, 상온에서 마시면 코냑 냄새 맥주로
P	다른 용도 (put to other use)	원래의 용도 바꾸기	• 진흙을 머드팩으로, 쓰레기를 건설 자재나 정크아트로 • 욕실 TV • 자동차 앞 유리 네비게이션 • 비행기/기차/선박 음식점
E	제거 및 축소 (eliminate & minify)	취소, 분리, 가볍게, 짧게, 쪼개기	• 안경에서 무엇을 없애면 좋을까의 발상으로 무테안경 • 코걸이 없는 안경 탄생 • 레이저 키보드 • 노트북
R	역방향 (reverse & rearrange)	방향 바꾸기	• 전기모터와 발전기 • 뚜껑 위치가 바뀐 케첩 통 • 화장품 용기, 치약 용기, 후불제에서 선불제로 변경 • 음료수 배출 위치 위쪽의 허리 굽힐 필요 없는 자판기 • 일제 강점기 잔재인 좌측통행에서 우측통행으로 변경

SCAMPER 업체 분야별 발상 사례로 클립, 모자, 휴대전화 만드는 회사를 비교하여 보았습니다.

표 9-5. SCAMPER의 회사별 적용 사례

	클립회사	모자회사	휴대전화
S	• 재질을 금속에서 플라스틱	• 종이 모자	• 디스플레이 화면 확대
C	• 장식을 결합해서 책갈피로	• 아이팟용 모자, iHat	• 핸드폰+시계로 스마트 watch
A	• 지폐용 클립/클립 지갑	• 헬리콥터 모자	• AI 탑재 스마트폰 • 삼성페이/크레딧카드
M	• 하트모양으로 클립의 모양 변형 • 컬러 클립	• 모자 양산	• 모양, 색상, 목소리 통화 연결 • 목소리 벨 소리 • 디스플레이 화면 확대 • 음성에서 화상으로 확대 • 효도폰
P	• 트리 장식이나 목걸이	• 끈을 달아 가방으로도 활용	• 건강 체크 기능 추가

	클립회사	모자회사	휴대전화
E		• 선캡	• 불필요한 앱 제거
R		• 양면 모자	• 핸드폰이 작아야 한다는 것에서 다시 커지는 화면 • 접히는 핸드폰

7) TRIZ에 의한 창의적 문제 해결법

① TRIZ란 무엇인가?

TRIZ(ТРИЗ, 트리즈)는 창의적 문제(inventive problem)를 해결하는 방법론을 뜻하는 러시아어 약자입니다. 이는 '이론(Theoria)', '발명(Inventive)', '문제 해결(Problem Solving)'을 아우르는 개념으로, 1946년 러시아의 발명가 Genrich Saulovich Altshuller(1926~1998)와 그의 동료들에 의해 창안되었습니다.

알트슐러는 14세에 발명을 시작해 16세에 첫 특허를 등록했으며, 소련 해군에서 기술 문제 해결을 지원하던 중 다음과 같은 질문을 품게 되었습니다.

- 문제 해결이 어려운 이유는 무엇인가?
- 어떤 사람은 창의적인데, 왜 어떤 사람은 그렇지 못할까?
- 기존의 특허 정보를 창의적 문제 해결에 활용할 수는 없을까?
- 인류가 축적해 온 지식을 체계적으로 활용할 방법은 없을까?

그는 수많은 특허를 분석하는 과정에서, "많은 기술적 문제가 이미 전혀 다른 산업 분야에서 해결된 적이 있다"라는 사실을 발견했습니다. 이를 바탕으로 그는 일반적이고 체계적인 문제 해결 이론인 TRIZ를 구축하였습니다.

② TRIZ의 핵심 개념

TRIZ는 약 300만 건 이상의 특허를 분석하여 공통된 문제 해결 원리를 도출한 것으로, 기술적 문제를 창의적으로 해결하기 위한 체계적인 도구입니다. TRIZ는 다음과 같은 가정을 기반으로 합니다.

- 혁신은 모순 극복을 통해 이루어진다.

- 창의성은 훈련과 도구를 통해 개발될 수 있다.
- 전혀 다른 분야에서 해결된 사례를 현재 문제에 적용할 수 있다.

즉, TRIZ는 단순한 브레인스토밍이 아니라, 문제의 본질을 파악하고 과학적으로 접근해 창의적 해결을 유도하는 '과학적 창의력 도구'입니다.

③ TRIZ의 활용 효과

TRIZ는 다음과 같은 면에서 매력적이고 효과적인 문제 해결 기법입니다.

- 다양한 분야의 지식을 연결: 서로 다른 산업 및 기술 분야에서 축적된 지식을 문제 해결에 직접 활용할 수 있습니다.
- 창의력이 부족하다고 느끼는 사람도 활용 가능: 체계적인 방법을 통해 누구나 창의적인 해결책을 도출할 수 있습니다.
- 사용자의 지식수준에 따라 효과 증가: 과학적 이해력이 높을수록 더 정교하고 효과적인 해결안을 도출할 수 있습니다.

④ TRIZ 사례: 해바라기씨 껍질 벗기기

한 사람이 해바라기씨의 껍질을 효율적으로 벗기는 방법을 고민하던 중, 관련 문헌 조사에서 1968년의 '피망 줄기 제거 자동화' 특허를 발견했습니다.

- 이 특허에서는 불균일한 피망 꼬투리도 8기압까지 천천히 가압한 후, 급격히 감압하면 내부 압력 차로 인해 줄기와 씨가 자동 분리된다고 설명합니다.
- 이 원리를 해바라기씨에 적용해 보면, 씨를 고압 용기에 넣고 압력을 가한 뒤 급격히 감압하면 껍질이 쉽게 벗겨질 수 있습니다.
  → TRIZ의 관점에서 이는 '전이된 해결책'의 전형적인 예시입니다. 즉, 피망 꼬투리 제거 기술을 해바라기씨, 새우, 크릴 등 다양한 식품 가공 분야로 확장할 수 있습니다.

이와 같은 방식으로, 완전히 다른 분야에서의 기술적 해법이 현재의 문제를 해결하는 실마리가 될 수 있다는 점이 TRIZ의 강력한 장점입니다.

⑤ TRIZ와 공학 설계 교육

공학도는 설계 과정에서 수많은 문제에 부딪히게 됩니다. 이때 TRIZ는 단순한 직관이나 감에 의존하지 않고, 다음과 같은 단계적 방법으로 문제에 접근하게 합니다.

- 문제의 본질을 정의
- 기능적 분석 및 모순 식별
- 기존의 유사 사례 탐색
- 발명 원리 적용 및 새로운 해결안 도출
- 적용 가능성 검토 및 개선안 도출

TRIZ는 창의적 사고를 훈련하는 데 그치는 것이 아니라, 실제 공학 설계 과정에서 더 빠르고 정확한 해결책을 도출하는 데 큰 도움을 줍니다.

연습문제

1 **객관식** **창의성을 향상하는 훈련에 대한 설명 중에서 잘못된 것은? (　　)**

① 영어나 한글 크로스 워드(crossword) 게임이나 가로세로 퍼즐게임을 풀면서 시간을 단축해 보면 유창성이 향상됩니다.

② IKEA의 조립 가구나 조립 상품을 매뉴얼에 맞춰 조립하기 등 일상생활의 조립하기 시도도 정교성을 향상하게 합니다.

③ 림보 게임이나 여행을 통한 다른 나라 문화 배우기도 유연성을 향상시킵니다.

④ 지나간 거리의 상호명 떠오르기, 일주일 동안 한 일 복기하기는 독창성을 향상시키는 훈련입니다.

2 **OX문제** **끝말잇기 놀이와 같은 단어를 생각해 내는 훈련을 하게 되면 정교성이 향상됩니다. (　　)**

3 **주관식** **다음 상품들은 SCAMPER의 어떤 원리를 활용하는지 골라보아라.**

① 진흙을 머드팩으로 (　　　　　　　　　　　　)

② 뚜껑 위치가 바뀐 케첩 통 (　　　　　　　　　　　　)

③ 와플이 아이스크림콘으로 (　　　　　　　　　　　　)

④ 마트 Cashier의 바코드에서 무인 RFID 정산으로 (　　　　　　　　　　　　)

10장

발명 원리를 이용해 아이디어 도출하기

1. 특허란 무엇인가?
2. 트리즈 발명 원리와 특허
3. 창의적 사고기법: ASIT
4. ASIT 문제 해결 기법

1. 특허란 무엇인가?

공학 설계를 통해 세상에 없는 새로운 것을 만들기로 마음먹었다면, 여러분은 그 과정에서 수많은 실험과 실패를 거듭하며 결과물을 개발하게 될 것입니다. 이 과정에는 연구개발비 같은 물질적 비용뿐만 아니라, 팀원들의 노력과 시간 같은 정신적 비용도 포함됩니다. 하지만 어렵게 개발한 기술이 상용화되자마자, 개발에는 전혀 참여하지 않은 경쟁사가 이를 모방하여 같은 제품을 더 저렴한 가격에 판매한다면 어떤 일이 벌어질까요? 아무리 우리가 '원조'라 주장해도, 소비자들은 더 저렴한 제품을 선택할 수 있고, 오히려 우리 제품이 '짝퉁' 취급을 받을 수도 있습니다. 개발비를 들인 우리는 이 비용을 회수하고 이윤도 남겨야 하지만, 카피 제품은 개발비가 없으니 훨씬 낮은 가격으로 판매가 가능하기 때문입니다. 이런 카피 행위는 기술 도용, 즉 지식 도둑질입니다. 이러한 부정경쟁을 막고 기술 개발을 장려하기 위해 존재하는 제도가 바로 특허(Patent)입니다.

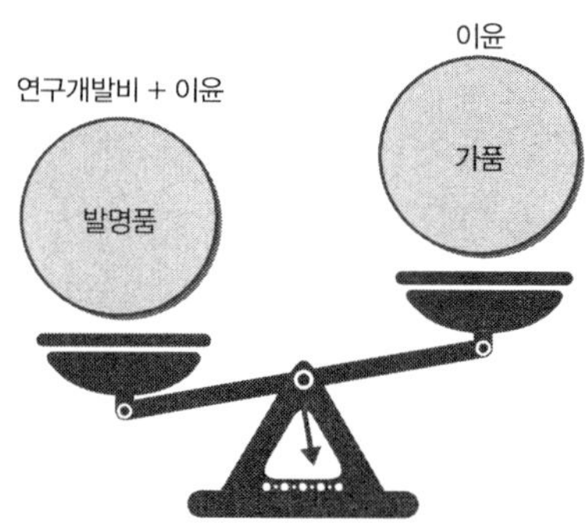

그림 10-1. 특허로 보호되는 발명, 가품과의 경제적 차이

1) 특허란 무엇인가?

특허란 발명에 대해 법적으로 소유권이 인정되는, 국가가 공인한 독점권이자 배타권, 즉 지식재산권(Intellectual Property)의 일종입니다.

- 독점권: 특허권자만이 해당 발명을 실시할 수 있는 권리
- 배타권: 타인이 해당 발명을 무단으로 사용할 경우, 이를 금지하거나 법적 책임을 물을 수 있는 권리

특허권자는 자신의 발명을 독점적으로 사용할 수 있으며, 정당한 허락 없이 타인이 실시한 경우 침해에 대해 손해배상을 청구할 수 있습니다. 또한 타인이 특허를 출원하려 해도 이를 방어하고 저지할 수 있습니다.

특허법의 목적은 단순한 권리 보호에 그치지 않고, 기술 발전을 장려하고 산업 발전에 이바지하는 데 있습니다.

2) 특허의 요건과 절차

특허를 받기 위해서는 다음과 같은 요건을 만족해야 합니다.

① 발명이 갖추어야 할 요건

- 산업상 이용 가능성: 발명이 산업적으로 구현될 수 있어야 합니다.
- 신규성(Novelty): 출원 전에 국내외 어디에서도 공지되거나 사용된 적이 없어야 합니다.
- 진보성(Non-obviousness): 기존 기술보다 명확히 발전되어, 기술 분야의 통상적 지식을 가진 사람이 쉽게 생각해 낼 수 없어야 합니다.

  ※ 예를 들어, 아무리 새롭고 진보된 기술이라도 산업적으로 구현할 수 없다면 특허로 인정받을 수 없습니다.

② 절차적 요건

- 특허 출원 → 심사 → 등록 → 효력 발생
- 특허권은 출원일로부터 20년간 유효하며, 실용신안권은 10년간 유효합니다.
- 출원일부터 소급 적용되며, 이는 출원과 동시에 권리를 주장할 수 있음을 의미합니다.
- 특허의 효력은 해당 국가 내에서만 유효하며, 이를 속지주의라고 합니다.

3) 해외 특허와 국제 특허

미국 특허는 다음과 같이 구분됩니다.

- 실용 특허(Utility Patent)

- 의장 특허(Design Patent)
- 식물 특허(Plant Patent)
- 상표권(Trademark)

미국은 출원일로부터 18개월 후 특허 내용을 공개하며, 이를 통해 '임시 보호(Provisional Right)'가 발생합니다. 이 권리에 따라 출원 공개 이후 발생한 이익에 대해 사용료를 청구할 수 있습니다. 따라서 특허는 출원이 빠를수록 유리합니다. 국제적으로는 PCT(특허협력조약)에 따라 한 번의 출원으로 여러 나라에 동시에 출원한 것으로 인정받을 수 있습니다. 이는 PCT 국제 특허 출원 제도라 하며, 세계 시장에서 기술을 보호하는 데 유리한 제도입니다.

4) 특허 제도의 명암

특허는 기술 개발의 순기능을 가지고 있지만, 때때로 기술 독점으로 인해 발전을 저해하는 사례도 있습니다. 예를 들어, 제임스 와트는 1769년 증기기관 개량 특허를 취득하고, 이후 의회로부터 1800년까지 특허 연장을 받았습니다. 그러나 그는 타인에게 특허를 양도하지 않고 고압 증기 기술 개발을 방해함으로써, 철도나 기관차 발전을 한 세대 이상 지연시켰다는 비판을 받기도 합니다.

반면, 테슬라(Tesla)는 자사의 전기자동차 기술을 공개 특허(오픈 특허)로 전환함으로써 기술 공유를 통해 생태계를 조성하고 시장 확대를 시도한 사례로, 반(反) 독점주의적 기술 활용의 대표적 예시로 평가받습니다.

2. 트리즈 발명 원리와 특허

우리는 이전 시간에 창의적 발상의 도구로써 TRIZ라는 기법을 잠깐 알아보았습니다. 다시 설명해 드린다면 TRIZ란 1946년부터 300만 건 이상의 특허를 분석하여 거기에 존재하는 공통의 문제 해결 원리를 요약, 정리한 것으로 엔지니어가 해결해야 할 많은 근본적인 문제들이 "전혀 다른 기술을 사용하는 완전히 다른 분야의 산업계에서 전연 연관이 없는 상황에서 이미 해결되었다"라는 것을 활용한 것입니다.

1) TRIZ의 핵심: 모순의 개념

TRIZ는 대부분의 기술적 문제가 '모순(Contradiction)'을 포함하고 있다는 점에 주목합니다. TRIZ는 이러한 모순을 해결함으로써 발명적 해결책에 도달할 수 있다고 봅니다. 모순은 다음과 같이 세 가지로 구분됩니다.

모순의 세 가지 유형

모순 유형	설명
행정적 모순	어떤 문제가 불편하다는 것은 알지만 어떻게 해결할지 모르는 상태
물리적 모순	하나의 특성이 동시에 서로 다른 두 가지 값을 가져야 하는 경우 예 비행기는 이착륙 시 바퀴가 필요하지만, 비행 중에는 바퀴가 없어야 공기 저항을 줄일 수 있음
기술적 모순	한 기술적 특성을 개선하면 다른 특성이 악화되는 충돌 현상 예 비행기의 속도를 높이려면 엔진 출력이 커져야 하지만, 엔진이 커지면 무게가 증가해 속도는 다시 감소함

이러한 모순을 해결하기 위해 TRIZ는 40가지 발명 원리를 정리했습니다.

2) TRIZ 발명 원리: 40가지 해결 전략

TRIZ는 수백만 건의 특허를 분석하여 기술적 모순을 해결하기 위해 반복적으로 사용된 40가지의 발명 원리(Inventive Principles)를 도출하였습니다. 이를 통해 특정한 기술 문제를 일반화 → 해결 → 특수화의 단계로 풀어나갑니다.

- 일반화: 문제를 추상화하여 보편적인 문제 유형으로 모델링
- 해결안 도출: TRIZ 원리를 적용하여 일반적인 해결 전략 확보
- 특수화: 일반적 해결안을 특정 문제 상황에 맞게 적용

이 과정은 마치 문제를 공식에 대입하듯 구조화된 방식으로 창의적 해결책을 도출하게 해줍니다.

표 10-1. TRIZ 40가지 발명 원리

1	분할(Segmentation)
2	분리(Extraction)
3	국소 품질(Local quality)
4	비대칭(Asymmetry)
5	병합(Merging) – 시간, 공간
6	범용성(Universality)
7	포개기(Nesting)
8	평형추(Counterweight)
9	사전 예방 조처(Preliminary anti-action)
10	사전 준비 조처(Prior action)
11	사전 보호 조처(Beforehand cushioning)
12	높이 유지(Equipotentiality)
13	반전(Inversion)
14	타원체(Spheroidality)
15	유연성(Flexibility)
16	조처 과부족(Partial or excessive action)
17	다른 차원(Another dimension)
18	기계적 진동(Mechanical vibration)
19	주기적 조처(Periodic action)
20	유용한 조처의 지속(Continuity of useful action)
21	건너뛰기(Skipping)
22	유해물 이용(Convert harm into benefit)
23	피드백(Feedback)
24	중간 매개물(Intermediary)
25	셀프서비스(Self-service)
26	대체 수단(Copying)
27	일회용품(Cheap short-living objects)
28	기계식 시스템의 대체(Replace a mechanical system)
29	공기압력 및 수압(Pneumatics and hydraulics)
30	연한 껍질이나 얇은 막(Flexible shells and thin films)

31	다공성 소재(Porous materials)
32	색상 변화(Color changes)
33	동질성(Homogeneity)
34	폐기 또는 복구(Discarding and recovering)
35	모수 변화(Parameter changes)
36	상태 전이(Phase transitions)
37	열팽창(Thermal expansion)
38	강한 산화제의 이용(Use strong oxidizers)
39	불활성 환경(Inert environment)
40	복합 재료(Composite materials)

공학 변수란 시스템의 주요 특성을 나타내기 위하여 사용하는 기술적 변수와 특징을 표현하는 용어입니다. 39가지 공학 변수는 표 10-2와 같습니다.

표 10-2. TRIZ 39가지 공학 변수

1	움직이는 물체의 무게
2	고정된 물체의 무게
3	움직이는 물체의 길이
4	고정된 물체의 길이
5	움직이는 물체의 면적
6	고정된 물체의 면적
7	움직이는 물체의 부피
8	고정된 물체의 부피
9	속도
10	힘 또는 세기
11	압력
12	형상
13	물체의 안정성
14	강도
15	움직이는 물체의 작동 기간

16	고정된 물체의 작동 기간
17	온도
18	빛의 세기
19	움직이는 물체의 에너지 사용
20	고정된 물체의 에너지 사용
21	파워
22	에너지 소모
23	물질의 손실
24	정보의 손실
25	시간의 손실
26	물질의 양
27	신뢰성
28	측정과 정확성
29	제조의 정밀함
30	다른 것에 영향을 받는 부작용
31	다른 것에 영향을 주는 부작용
32	제조의 용이성
33	작업의 용이성
34	수리의 용이성
35	적응력
36	장비의 복잡함
37	검출 및 측정의 어려움
38	자동화 용이성
39	생산성

트리즈의 모순행렬(Contradiction Matrix)이란 기술적 모순을 해결하는 데 가장 효과적인 발명 원리를 39가지 공학 변수의 39행 × 39열의 행렬로 표현한 것입니다.

- 세로축(행): 개선하고자 하는 39개의 공학적 특성
- 가로축(열): 악화되는 39개의 공학적 특성
- 교차점: 해당 모순에서 자주 활용된 3~4개의 발명 원리

3) TRIZ 원리 적용 사례

사례 1 건설 현장의 말뚝 문제

문제 상황: 말뚝(파일)은 끝이 뾰족하면 땅에 잘 박히지만, 쉽게 빠질 수 있어 구조적 안정성이 떨어집니다. 반대로 끝이 둥글면 박기 어렵지만, 지탱하는 힘은 강해집니다. 이 문제는 다음과 같은 기술적 모순을 내포합니다.

- 개선하고자 하는 특성: 박기 쉬움(공학 변수 10번: 힘)
- 악화되는 특성: 구조적 안정성(공학 변수 13번: 물체의 안정성)

모순행렬의 적용: 공학 변수 10번(힘)과 13번(안정성)의 교차점에서 도출된 발명 원리와 해결 방안

- 10번 사전 조치(Preliminary Action): 말뚝에 사전 조치를 가하여 박은 후 구조적 안정성을 높이기
- 21번 고속 처리(Skipping or Fast Action): 말뚝 끝의 형상을 변화시켜 뾰족 → 뭉툭하게 변환
- 35번 속성 변환(Parameter Change): 말뚝을 빠르게 박음으로써 마찰 저항을 활용해 안정성 향상
- 구체적인 해결 사례: '10번 사전 조치 원리'를 적용해 말뚝의 끝에 소량의 폭약을 설치합니다. 박을 때는 뾰족한 형태로 땅속에 쉽게 들어가며, 박은 후 폭약이 터지면서 끝부분이 갈라지고 표면적이 증가해 말뚝이 잘 빠지지 않도록 설계합니다. 이러한 아이디어는 실제로 특허로 등록되어 권리를 인정받은 기술입니다.

사례 2 복합 재료를 활용한 항공기 경량화

문제 상황: 폭격기의 속도를 향상 시켜야 한다.

- 기존 해법: 강력한 엔진 → 무게 증가 → 속도 저하
- 적용된 TRIZ 원리: *발명 원리 40 – 복합 재료 사용*
- 해결책: 기존 금속 재료 대신 플라스틱 복합재(에폭시)를 사용하여 날개 무게를 줄임 → 무게 15% 감소, 동일한 엔진으로도 속도 증가 가능

사례 3 **피망 줄기 제거 기술을 활용한 해바라기씨 껍질 벗기기**

- 문제: 해바라기씨의 껍질을 효율적으로 제거하고 싶다.
- 참조 특허: 1968년 피망 줄기 제거 기술 → 고압/감압 원리 적용
- 해결 전략: 밀폐 용기 내에서 가압(8기압) 후 급격히 감압 → 씨앗 분리
- 적용 확장: 크릴, 새우 등 갑각류 껍질 제거에도 응용 가능
- 이 사례는 전혀 다른 분야에서의 특허 정보가 새로운 문제의 해결책이 될 수 있음을 보여줍니다.

---

4) 발명과 절충의 차이

많은 경우 사람은 모순을 근본적으로 해결하기보다는 절충안(compromise)을 찾는 방식으로 문제를 해결하려 합니다. 하지만 TRIZ는 모순을 제거함으로써 진정한 발명에 도달합니다.

- 절충안: 문제를 회피하거나 중간지점을 찾음 → 개선은 있으나 혁신은 아님
- TRIZ 방식: 모순을 정확히 분석하고 발명 원리를 통해 근본적으로 해결

✓ TRIZ는 선천적인 창의력에 의존하지 않고, 교육과 훈련을 통해 창의적 문제 해결 능력을 개발할 수 있도록 돕는 도구입니다. 기술적 모순을 해결하기 위한 40가지 발명 원리는 문제를 체계적으로 분석하고, 다양한 해결책을 제시하는 강력한 수단이 됩니다.

3. 창의적 사고기법: ASIT

창의적 사고는 문제 해결의 핵심 역량입니다. 최근에는 복잡한 문제를 효율적으로 해결하기 위한 창의적 사고기법으로 ASIT(Advanced Systematic Inventive Thinking) 기법이 주목받고 있습니다. 이는 이스라엘의 로니 호로비츠 박사가 TRIZ의 복잡한 원리를 실용적으로 단순화하여 개발한 체계적인 도구입니다.

ASIT는 창의적인 아이디어 발상을 위해 사고의 범위를 오히려 제한함으로써 오히려 자유로운 사고를 유도하는 특징이 있습니다.

1) ASIT의 구성 요소

ASIT는 크게 두 가지 조건과 다섯 가지 문제 해결 기법으로 구성되어 있습니다.

▶ 두 가지 조건

- 한정된 세계(Closed World)의 원리: 새로운 요소를 외부에서 도입하지 않고, 현재 문제의 세계 안에 존재하는 자원만으로 해결안을 찾는 원리입니다.
- 관계 변화(Qualitative Change)의 원리: 문제를 일으키는 요인(악화 요인)과 결과(문제 상황) 사이의 관계를 변화시켜 해결을 도모하는 원리입니다.

▶ 다섯 가지 문제 해결 기법

1. 용도 변경(Unification)
2. 복제(Copying / Multiplication)
3. 분할(Division)
4. 대칭 파괴(Breaking Symmetry)
5. 제거(Removal)

그림 10-2. ASIT의 5가지 원리

2) ASIT 조건 사례 분석

① 한정된 세계의 원리 사례

영국의 한 여고에서는 여학생들이 거울에 립스틱 자국을 찍는 장난으로 청소 업무가 가중되었습니다. 일반적 해결책은 CCTV 설치, 전용 거울 도입 등 외부 자원을 추가하는 방식이지만, 이는 한정된 세계의 원리에 위배 됩니다.

→ ASIT식 해결은 다음과 같습니다. 청소 아주머니가 대걸레로 거울을 닦는 모습을 학생들 앞에서 보여준다. 이 행동은 문제의 세계 안에서 자원을 재구성한 창의적 해결책입니다.

② 관계 변화의 원리 사례

거울이 깨끗할수록 학생들이 장난을 친다는 점은 문제(립스틱 자국)를 유발하는 악화 요인입니다. 이 관계를 변화시켜, 거울이 더럽게 보이게 하면 오히려 문제 행동을 줄일 수 있습니다.

→ 깨끗한 거울(악화 요인)을 더럽히는 청소 방법으로 문제 행동을 억제한 것이 핵심입니다.

4. ASIT 문제 해결 기법

1) 용도 변경(Unification)

기존 구성 요소의 새로운 용도를 발견하여 문제를 해결합니다.

- 예시 1: 바리케이드가 쉽게 넘어지는 문제 → 사람의 체중을 이용한 무게 중심 재설계
- 예시 2: 소변기 주변 오염 문제 → 파리 모양 스티커 부착으로 집중 유도 및 오염 감소
- 예시 3: 축구 경기 시즌에는 스티커를 상대 팀 로고로 교체하여 재미 요소와 청결 유지

2) 복제(Copying / Multiplication)

유사하거나 동일한 구성 요소를 복제하여 기능을 확장합니다.

- 예시 1: 다초점 안경 → 근시용 렌즈에 원시용 렌즈 복제
- 예시 2: 3단계 밝기 조절 전구 → 서로 다른 와트의 필라멘트 복제
- 예시 3: 다중 면도날 면도기 → 복수의 면도날을 통해 면도 효율 극대화
- 예시 4: 십자드라이버 → '한 개의 홈'이라는 고정관념에서 벗어나 복제를 통해 성능 개선

> 고정관념을 깨기 위해선 수량을 바꿔보는 복제가 유효합니다.

3) 분할(Division)

구성 요소를 공간적/시간적으로 분할하여 새롭게 재구성합니다.

- 예시: 식빵을 통째로 먹기보다 썰어서 먹는 것
- 전략: '분할–재배치–통합'의 Divide & Conquer 방식

  문제 해결 단계

  ① 문제 세계 정리

  ② 분할, 대칭 파괴, 제거 기법 적용 준비

  ③ 기법 적용

  ④ 핵심 아이디어 요약

  ⑤ 아이디어 구체화(3~5줄 작성)

4) 대칭 파괴(Breaking Symmetry)

문제 대상의 대칭적 속성을 의도적으로 파괴하여 해결안을 도출합니다.

- 대칭 종류

  1. 시간 대칭(예 혈액형)
  2. 사물 대칭(예 자동차 도색)
  3. 그룹 대칭(예 자동차 바퀴)

- 사례 1: 트랙터의 앞뒤 바퀴 크기 차이
- 사례 2: 합창단의 솔로 가수 의상 다르게
- 사례 3: 하마 우리에 다양한 온도의 진흙 배치 → 하마가 가장 편한 곳으로 이동

구성 요소	설명	예시
한정된 세계	외부 자원 없이 내부 요소만 활용	대걸레로 거울 닦기
관계 변화	문제 요인과 결과의 관계를 바꾸기	깨끗한 거울 → 장난 억제
용도 변경	구성 요소의 새 기능 발견	바리케이드, 소변기 파리
복제	요소 복제 및 기능 확장	다초점 안경, 면도날
분할	요소를 쪼개고 재배치	식빵, Divide & Conquer
대칭 파괴	익숙한 대칭을 깨뜨리기	트랙터 바퀴, 하마 진흙

정리

1. 특허란 발명에 대하여 법적으로 국가에서 공인하는 독점권이고 배타권이자, 지식 재산권입니다. 독점권이란 특허권자의 특허발명에 대한 실시권을 말하며, 배타권이란 타인이 실시하는 것을 금지할 권리를 말합니다. 특허 존속기간은 출원일로부터 20년이 부여되며 실용신안권은 10년이 부여됩니다. 발명이 갖추어야 할 요건은 산업상 이용 가능성, 신규성, 진보성입니다.
2. 트리즈는 엔지니어가 해결해야 할 많은 근본적인 문제들이 전혀 다른 기술을 사용하는 완전히 다른 분야의 산업계에서 전연 연관이 없는 상황에서 이미 해결되었기에 특허 분석을 기반으로 창의력을 발휘하는 기법입니다. 트리즈의 발명 원리는 전 세계의 특허를 분석하여 문제 해결을 위해 공통으로 사용된 40가지 원리를 정리한 것입니다. 트리즈는 발명 원리를 이용한 일반적인 해결책을 모순을 찾아 가장 문제 해결의 실마리로 사용하는 것입니다. 창의적인 공학 설계를 통해 해결된 문제들은 특허를 통해 권리를 인정받을 수 있습니다.
3. 창의적 사고기법으로 ASIT(Advanced Systematic Inventive Thinking) 기법: 5가지 문제 해결 기법인 용도 변경(unification), 복제(copying, multiplication), 분할(division), 대칭 파괴(breaking symmetry), 제거(removal)를 공학 문제 해결의 창의력을 발휘할 수 있도록 하는 유용한 도구로 잘 활용하시기를 바랍니다.

연습문제

1 객관식 ASIT의 5가지 문제 해결 기법에 해당하지 않는 것은? (　　)

① 합성(synthesis)

② 용도 변경(unification)

③ 분할(division)

④ 제거(removal)

2 OX문제 특허권은 권리를 획득한 국가 내에만 효력 발생하는 데 이를 속지주의라고 한다. (　　)

3 주관식 발명이 갖추어야 할 요건 3가지를 적어 보아라.

(　　　　　　　　　　　　　　　　　　　　　　　　　　　　　　　　)

11장

Problem Based Learning 이론

1. 문제중심학습이란?
2. PBL의 설계 단계
3. 효과적인 문제 설계의 조건
4. PBL의 실제 적용에서 기대되는 변화
5. 창의 설계 입문 교과목에서의 PBL 적용 방안

1. 문제중심학습이란?

문제중심학습(Problem-Based Learning, PBL)은 학습자가 실제적인 문제를 중심으로 해결 과정을 주도하며 학습하는 학습자 중심의 교수학습 모형입니다. 단순히 정답을 찾는 것이 아니라 문제를 해결하는 과정 자체가 학습의 본질이 되는 형태이며, 협업과 비판적 사고, 자기 주도 학습 역량을 함께 키울 수 있도록 설계된 수업 방식입니다.

이 교수법은 1950년대 캐나다의 의과대학에서 시작되어, 1980년대 McMaster 대학의 Howard S. Barrows 교수에 의해 의학교육에 본격적으로 도입되었으며, 이후 공학, 교육, 경영 등 다양한 분야로 확산되었습니다.

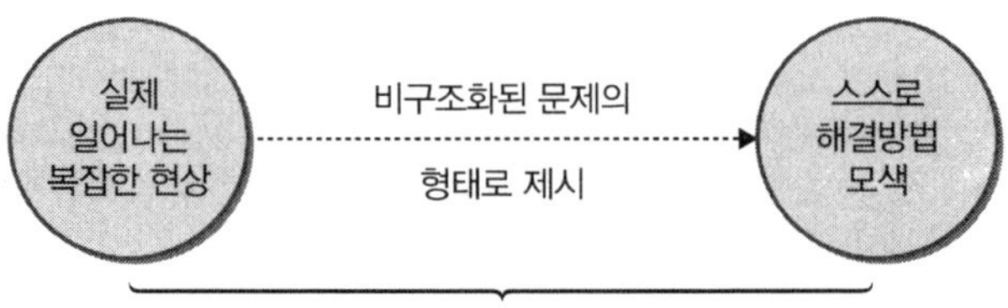

그림 11-1. 문제중심학습(PBL)의 목적

1) PBL의 교육적 가치

문제중심학습은 다음과 같은 핵심 역량을 강화하는 데 초점을 둡니다.

- 유연한 지식 구조의 형성: 단편적 지식이 아닌 통합적 이해를 중시합니다.
- 실제 문제 해결 능력 향상: 복잡하고 구조화되지 않은 문제를 다루며 사고능력을 향상시킵니다.
- 자기 주도 학습 역량 강화: 스스로 학습 목표를 설정하고 자원을 탐색합니다.
- 협업 능력과 의사소통 능력 향상: 팀 기반의 문제 해결을 통해 협력적 사고를 배웁니다.
- 내재적 동기 유발: 실제 맥락이 있는 문제를 통해 학습 동기를 높입니다.

2) 전통적 교수법과의 차이점

항목	전통적 교수법	문제중심학습(PBL)
수업 중심	교사 중심	학습자 중심
학습 형태	강의 및 수동적 수용	탐구 기반의 능동적 학습
문제 유형	구조화된 단답형 문제	비구조적·개방형 문제
학습 목표	정답 암기	문제해결력 향상
교사의 역할	지식 전달자	촉진자, 조력자

3) PBL에서의 교수자(튜터)의 역할

- 학습 촉진자로서 질문 유도, 자기 주도 학습 유도, 집단 토의 조력 등의 역할 수행
- 학습자가 문제를 깊이 있게 탐구할 수 있도록 자신감을 북돋고 비판적 사고를 자극
- 시연 → 촉진 → 사라짐(fading)의 원리에 따라 점진적으로 개입 수준을 줄임
- 단, 시연은 모범 답을 주는 것이 아니라 탐구의 방식을 보여주는 하나의 사례로만 제시

2. PBL의 설계 단계

1) 문제 선정 및 개발

- 학습 목표와의 관련성 확인
- 개방형·비구조적 문제 구성
- 시간과 난이도 조절
- 문제 검토 및 수정

2) 학습자원 준비

- 온라인 자료, 논문, 기사, 실험 장비 등 다양하게 활용

3) 전략 및 평가 계획 수립

- 수업 흐름 구성
- 과제 수행 방식과 평가 방법 설계

3. 효과적인 문제 설계의 조건

1) 비구조화된 문제(Ill-Structured Problem)

- 명확한 정답이 존재하지 않음
- 정보가 부족하거나 모호하여 추가 탐색이 필요함
- 다양한 해결책이 존재하며, 해결 방식에 따라 결과가 달라질 수 있음
- 학습자 수준에 따라 문제 정의 자체가 달라질 수 있음

예시 "환경친화적인 화학 공정을 설계하라" → 다양한 해석과 접근 방식이 존재

2) 실제적인 문제(Authentic Problem)

- 현실 세계에 기반하여 설계
- 실생활 데이터, 사회적 맥락, 공학적 제약 등이 포함됨
- "왜 이 내용을 배워야 하는가?"라는 질문에 대한 명확한 동기를 제공

예시 "기존 화학 플랜트의 이산화탄소 배출을 30% 감축하는 방안을 도출하라"

3) 학습자 중심의 문제(Learner-Relevant Problem)

- 학습자의 수준과 흥미를 고려한 설계
- 학습자가 '문제해결자'로서의 정체감을 가질 수 있도록 구성
- 역할극, 시나리오 기반 구성도 효과적

예시 "당신은 스타트업(start-up) 팀의 일원으로, 미세먼지를 줄이기 위한 신소재 제품을 제안해야 한다."

4. PBL의 실제 적용에서 기대되는 변화

- 자기 주도성: 학습자가 스스로 학습 경로를 설계하고 실행
- 비판적 사고 강화: 문제 분석 → 가설 설정 → 정보 수집 → 해결책 도출
- 의사소통 및 협업 능력 향상: 팀원들과의 토론, 피드백 교환
- 창의적 문제 해결 역량 강화: 다양한 관점에서 해결안을 모색하는 과정

5. 창의 설계 입문 교과목에서의 PBL 적용 방안

- 주제 예시: "화학 공정에서 발생하는 폐열을 활용한 에너지 절감 방안 설계"
- 학습 목표: 공학 설계 개념 이해, 팀워크 경험, 문제 정의 능력 향상
- 수업 흐름
  1. 문제 제시
  2. 팀별 가설 설정 및 정보 탐색
  3. 중간발표 및 피드백
  4. 최종 설계안 발표

이러한 PBL 기반의 수업은 화학공학이라는 전공 특성상 문제 해결과 설계 능력이 중요한 학생들에게 실제 산업 현장의 문제 해결 경험을 간접적으로 제공하며, 동시에 창의적 역량과 팀워크 능력을 효과적으로 기를 수 있는 수업 방식입니다.

1) 문제중심학습(PBL)의 과정

문제중심학습은 학습자 주도적 학습과 협동적 문제 해결을 통해 창의적 사고를 촉진하는 교수학습 전략입니다. 일반적인 절차는 다음과 같습니다.

① 문제 상황의 도입

이 단계는 학습자들이 처음으로 문제 상황을 접하는 순간입니다. 학생들의 흥미를 유도할 수 있도록 다양한 방법을 사용합니다. 예를 들어 관련 뉴스 기사 제시, 비디오 시청, 간단한 이벤트 등을 통해 문제 상황의 맥락을 설명할 수 있습니다.

② 문제 상황의 제시

학생들에게 직접적인 문제 상황을 제시합니다. 중요한 것은 학습자들이 문제 해결의 주체라는 인식을 갖도록 하는 것입니다. 예를 들어, 특정 전문가의 역할을 부여받아 도움을 요청받는 상황으로 설정하면 효과적입니다.

③ 문제 상황 파악

학생들은 제시된 문제를 분석하여 알고 있는 것, 모르는 것, 알아야 하는 것 등을 정리합니다. 이를 통해 문제를 발견하고 정의하게 됩니다.

④ 문제 재정의

기존 지식이나 경험을 바탕으로 문제를 새롭게 정의하고, 다양한 아이디어를 도출합니다.

⑤ 탐구 및 자료 수집

가설 검증을 위한 탐구 활동을 진행하고 필요한 정보를 수집합니다. (도서관, 인터넷 등 활용)

⑥ 자료 분석

수집된 자료를 분석하여 가설을 검토합니다. 필요시 새로운 가설을 설정합니다.

⑦ 문제 종합

진행된 과정을 요약하고 팀원 간 지식을 공유합니다. 이 과정에서 불필요한 자료를 걸러내고 추가로 필요한 정보를 점검합니다.

⑧ 문제 해결

수집된 정보를 바탕으로 가능한 해결책을 도출하고, 해결 과정을 평가합니다.

⑨ 정리 및 평가

새롭게 습득한 지식과 기능을 기존 지식과 비교하고, 학습 과정을 종합 정리합니다. 자기 평가, 동료 평가, 팀 평가를 통해 학습 결과를 성찰합니다.

2) 문제중심학습에서 교사의 역할, 태도 및 기술

문제중심학습(PBL)에서 교사는 지식 전달자가 아닌 학습의 촉진자(facilitator), 동료 학습자(co-learner)로서 활동합니다. 교사의 역할은 수업 전, 수업 중, 수업 후로 나누어 살펴볼 수 있습니다.

① 전 과정에서 교사의 역할

- 학습 목표 결정
- 적절한 PBL 과제 선정
- 과제 관련 자료 및 전략 준비
- 수업 실행을 위한 환경 및 장비 준비

② 수업 중 교사의 역할

- PBL 방식 및 과제 소개
- 학습자 팀 구성 지도
- 효율적인 시간 관리 강조
- 학습자원 탐색 독려
- 개인이나 팀 과제 수행 지원
- 자기 성찰 유도
- 상호작용 촉진
- 학습 과정 관찰 및 조정

• 피드백 제공
• 중간/최종 정리 및 성찰 시간 운영

③ 수업 후 교사의 역할
• 학습자 피드백 분석
• 인지적, 정서적, 동기적 변화 평가

3) 문제중심학습 환경에서 교사의 태도: 인내와 확신

PBL 환경은 학습자 주도성과 협동성을 중시하므로 초기에는 혼란스럽고 소란스러울 수 있습니다. 이러한 상황에서 교사는 '인내'와 '확신'을 가지고 접근해야 합니다.

• 학습자에게 자율성과 책임이 주어지는 상황에 적응하도록 돕기
• 초기 혼란을 당연한 과정으로 받아들이고 격려하기
• 학습자의 잠재력을 신뢰하고, 성장을 기대하는 태도 유지
• 인지적 갈등과 혼란을 통한 학습을 긍정적으로 인식

4) 촉진자로서 교사의 역할: INSPIRE 모델

Lepper 외(1997)는 우수한 교사의 특성을 INSPIRE라는 약어로 제시하였습니다. 이는 PBL 환경에서 교사가 갖춰야 할 핵심 태도 및 기술로 볼 수 있습니다.

▶ INSPIRE의 구성 요소

① Intelligent(지성적): 지식과 교수 전략에 대한 충분한 이해
② Nurturant(양육적): 학습자와의 정서적 유대 형성
③ Socratic(문답적): 질문을 통해 사고를 유도하는 교수법
④ Progressive(점진적): 점진적으로 학습 수준을 높이는 전략
⑤ Indirect(간접적): 스스로 학습할 수 있도록 유도하는 방식
⑥ Reflective(성찰적): 학습 과정을 지속적으로 되돌아보게 함
⑦ Encouraging(격려적): 학습자의 노력과 시도를 지지

이 장에서는 화학공학 창의 설계 입문 수업에서 PBL을 어떻게 효과적으로 적용할 수 있는지, 그 과정을 구성하는 단계와 교사의 역할 및 태도, 그리고 촉진자로서 갖추어야 할 역량까지 구체적으로 제시하였습니다. 이러한 내용을 바탕으로 교수자는 학생 중심의 창의적 문제 해결 학습 환경을 구성할 수 있을 것입니다.

연습문제

1 객관식 환경에서 학습의 촉진자로서 교사의 역할로 INSPIRE가 있다. 이에 해당하지 않는 것은? (　　)

① Socratic(문답적)

② Intelligent(지성적)

③ Direct(직접적)

④ Encouraging(격려적)

2 OX문제 PBL은 제시된 실제적인 문제를 학습자들이 해결하는 과정에서 학습이 이루어지는 학습자 중심의 학습 환경이다. (　　)

3 주관식 문제중심학습 모형이 추구하는 것이 창의적 발상입니다. 기업이 안고 있는 근원적인 모순의 예를 들어 설명하여라.

(　　　　　　　　　　　　　　　　　　　　　　　　　　　　　　)

12장

Problem Based Learning 실무

1. 실제 사례를 통해 본 PBL 학습
2. 첫 번째 PBL용 문제 제시 과정
3. 두 번째 문제 해결을 위한 자료 수집 단계
4. 세 번째 문제 재확인 및 문제 해결안 도출 단계
5. 네 번째 문제 해결안 발표 및 학습 결과 정리·평가 단계

1. 실제 사례를 통해 본 PBL 학습

문제 중심 학습(Problem Based Learning, PBL)의 대표적인 모델은 의과대학에서 활용되는 방식입니다. 이 모델은 특정 조건이 충족되어야 효과적으로 운영될 수 있어, 일반 학부 과정에서는 다소 적용에 제약이 따릅니다. 그러나 PBL의 기본 철학과 방향성을 유지한다면, 다양한 교육 환경에서도 그 응용이 가능합니다.

대학 강의의 경우, 의과대학처럼 소수 정예의 소그룹 수업보다는 대규모 수업이 일반적입니다. Duch 교수는 PBL 모델을 크게 세 가지로 분류하였습니다. 의과대학 모형, 퍼실리테이터(Facilitator) 모형, 동료 튜터(Peer Tutor) 모형입니다. 각 모형은 적용 방식과 운영 구조에 차이가 있습니다.

1) 의과대학 모형

이 모형은 소수의 학생이 팀을 구성하여 학습하며, 각 팀에 튜터 또는 토론을 이끄는 역할의 교강사가 배치됩니다. 정규 수업 외의 시간까지 활용할 정도로 학습량이 많고, 하나의 PBL 문제를 여러 차시에 걸쳐 심도 있게 다룬다는 특징이 있습니다.

2) 퍼실리테이터(Facilitator) 모형

대규모 수업에서도 적용할 수 있는 모형으로, 정규 수업 시간 중 일부를 팀 토론에 활용합니다. 교강사는 각 팀을 순회하며 토론을 촉진하고 필요한 경우 간단한 설명을 제공합니다. 팀 발표 후에는 전체 그룹이 함께 토론하며, 이후 교강사가 전체 내용을 정리하여 다음 단계로 넘어갑니다.

3) 동료 튜터(Peer Tutor) 모형

같은 학부 학생이나 선배 학생들이 튜터 역할을 수행하는 모형으로, 이미 PBL을 경험한 학생들이 다른 학생들에게 모범적인 학습 모델이 됩니다. 교강사는 수업 전반에 대한 명확한 피드백을 제공하고, 학생 튜터들이 사용할 수 있도록 사전에 준비된 스크립트를 제공합니다. 이 모형은 퍼실리테이터 모형보다 구조화되어 있으며, 대규모 수업에 적합합니다.

사례 미국 델라웨어대학교 간호학과의 PBL 수업

미국 델라웨어대학교 간호학과 4학년 수업에서는 PBL을 기반으로 한 실제 사례 중심 수업이 운영되었습니다. 강의는 환자 사례의 일부 정보를 파워포인트로 제공하며 시작하였고, 이후 학생들은 추가로 어떤 정보가 필요한지를 스스로 결정하고 요청하였습니다. 이에 따라 교강사는 보조 자료를 제공하는 방식으로 수업을 진행했습니다.

학생들은 짝을 이루어, 제시된 사례에 대해 어떤 간호 처치를 해야 하는지, 예상되는 결과는 무엇인지, 그들의 판단을 어떻게 검증할 것인지에 대해 토의했습니다. 자발적인 지원자들은 전체 학생 앞에서 논의 결과를 발표하였으며, 교강사는 짧은 강의를 통해 핵심 개념을 정리하고 학생들의 결론에 대한 피드백을 제공했습니다.

이 수업은 4학년 과정이라는 점에서 이전에 학습한 내용과의 연계를 중요시하였으며, 제시된 문제 역시 복습과 응용이 필요한 형태로 구성되었습니다. 학습 자료는 제공되었지만, 해당 자료의 활용과 이전 지식과의 연결은 학생들이 자율적으로 수행하였습니다.

4) PBL 수업의 특성과 교육적 의미

전형적인 PBL 수업은 실제 상황에서 발생할 수 있는 문제를 중심으로 소수 인원이 팀을 이루어 융통성 있게 진행됩니다. 이때 직접적인 지식 전달은 최소화되며, 개별 학습과 그룹 학습의 진도를 교강사가 면밀히 파악하고 조율하는 것이 중요합니다.

학생들이 학습한 내용을 서로 공유하고, 각자의 지식과 경험을 바탕으로 새로운 지식 구조를 형성하는 과정이 강조됩니다. 다루는 과제는 학생들의 실생활과 직접적 연관성이 있어야 하며, 이를 통해 학습의 몰입과 주도성을 이끌어 냅니다.

PBL을 통해 학생들은 수업이라는 안전한 환경 안에서, 향후 전문 분야에서 요구되는 지식과 기술, 역량을 갖춘 책임감 있는 전문가로 성장할 수 있습니다. 특히 눈에 띄는 성과 중 하나는 학습 동기 부여와 학습에 대한 적극성 향상입니다. PBL 수업을 위한 학생들의 학습 시간은 일반 과목의 2~3배에 달하며, 교강사 역시 높은 준비와 운영의 노력이 요구됩니다.

5) 학습에 대한 자기 인식과 성찰

PBL 수업은 학습자 스스로 학습 활동과 과정을 명확히 인식하도록 설계되어 있습니다. 학생들은 "무엇을 알고 있고, 무엇을 더 알아야 하며, 이를 어떻게 찾아서 학습할 것인지", "습득한 내용을 팀원들과 어떻게 공유할 것인지"에 대해 고민하게 됩니다.

많은 PBL 수업에서는 이러한 자기 인식을 돕기 위해 '성찰 저널(reflective journal)'을 활용합니다. 이는 비판적 사고력과 과학적 사고력의 함양에 기여하며, 궁극적으로 '평생학습인'으로 성장하는 데 중요한 기반이 됩니다. 즉, 학습자 스스로 학습 방법을 이해하고, 평생에 걸쳐 자신의 학습을 주도할 수 있는 능력을 기르게 됩니다.

2. 첫 번째 PBL용 문제 제시 과정

1) PBL 문제 제시와 공학 설계 과정의 대응 관계

공학 설계 프로젝트를 문제중심학습 방식으로 진행할 경우, 두 교육 방식은 단계별로 유사한 흐름을 보입니다. 이들의 상관관계를 아래와 같이 정리할 수 있습니다.

① 문제 제시 및 확인 단계 → 공학 설계 프로젝트의 문제 정의단계(Mission Identification 또는 Define the Problem)

② 자료 수집 단계 → 공학 설계 프로젝트의 개념 설계 단계(Conceptualization)

③ 문제 재정의 및 해결안 도출 단계 → 공학 설계 프로젝트의 예비설계 상세설계 단계(Preliminary & Detailed Design)

④ 해결안 발표 및 평가 단계 → 공학 설계 프로젝트의 설계 의사소통 및 결과 도출 단계(Production Planning and Tool Design)

2) 첫 번째 단계: PBL 소개 및 문제 제시

첫 단계는 PBL 학습 방식을 소개하고, 이를 바탕으로 PBL용 공학 문제를 제시하는 과정입니다. 이는 공학교육 인증 과정에서의 문제 정의(Mission Identification 또는 Define the Problem) 단계에 해당합니다. PBL에서 활용되는 문제는 대개 지식 간의 관계가 복잡하게 얽혀 있으며, 다양한 해결 방식이 존재하고, 실생활과 밀접한 비구조화된 문제입니다.

다음은 최근 PBL 우수 사례 교수들의 수업 운영 전략을 분석한 내용을 정리한 것입니다.

▶ 수업 운영 사례

① PBL 오리엔테이션 실시

수업 초기에 PBL 방식의 필요성과 목적, 운영 방식 등에 대한 설명을 Q&A 방식으로 충분히 제공하였습니다. 특히 프로젝트 중심의 수업 특성상 적극적인 참여 의지를 가진 학생이 수강할 수 있도록 안내하였습니다.

② 원칙에 따른 팀 구성

학습 성취도와 성격적 다양성을 반영한 팀 구성을 위해 학생 석차와 간단한 에니어그램(성격유형 검사) 결과를 활용하였습니다. 또한 자기소개서 양식을 바탕으로 일대일 자기소개 시간을 마련하여 팀 간의 상호 이해를 도모하였습니다. 이 외에도 MBTI나 Herrmann의 두뇌 우성 모델 등을 활용한 다양한 성향 반영팀 구성 방식을 권장합니다.

③ 정서적 유대감 형성을 위한 친교 활동

팀워크를 강화하기 위해 '팀별 사진 찍기', '탑 쌓기 게임', '견학 인증 사진 공유' 등 비형식적 활동을 진행하였으며, 이러한 경험은 학생들 간의 협력과 유대감을 증진시켰습니다.

④ 프로젝트 방식 선택에 대한 자율성 부여

학생들에게 관심 있는 과제를 직접 선택하게 하였고, 〈과제 수행계획〉 양식을 활용하여 팀별 목표를 구체화하였습니다.

⑤ 개방적 학습 환경 조성

수업 중 학생들이 편하게 간식을 섭취하고, 프로젝트 활동 시 배경음악을 허용하는 등 자유롭고 열린 분위기를 형성하였습니다.

3) 팀 구성 및 학습 환경

공학 설계 문제 해결의 출발점은 효과적인 팀 구성입니다. PBL 기반의 공학 설계는 주어진 미션을 팀 단위로 해결하는 방식이므로, 팀워크 빌드업은 매우 중요한 과정입니다. Johnson과 Holubec는 다음과 같은 학습자 중심 강의실 배치 원칙을 제시합니다.

- 팀원들이 가까이 앉아 상호작용이 활발히 일어날 수 있도록 한다.
- 모든 학생이 교사의 안내에 집중할 수 있는 시야를 확보한다.
- 팀 간에는 충분한 거리를 두어 상호 방해를 최소화하며, 교사는 팀 간을 쉽게 순회할 수 있어야 한다.
- 학습자들이 자유롭게 이동할 수 있는 공간을 확보한다.

팀 구성은 동질적 집단보다는 다양한 배경과 역량을 가진 이질적 구성이 바람직하며, 구성원 간 특성이 조화를 이루는 팀이 효과적입니다. 팀 회의와 팀워크 전략에 대해서는 이전 강의 내용을 참고하십시오.

4) 적절한 문제의 조건

PBL에서 제공하는 문제는 학생들이 주어진 기간 내에 팀 활동을 통해 해결할 수 있는 수준이어야 합니다.

예를 들어, 1학년 창의 설계 입문 과정에서는 기초적인 수준의 문제가 적합하며, 종합설계(PIC)에서는 더 복합적인 실무형 문제가 요구됩니다.

5) PBL 문제 사례

다음은 실제 대학 수업에서 활용된 PBL 문제 사례입니다.

[H1 대학] PBL 문제 1 – 깨끗한 물 만들기

많은 국가가 물 부족 문제로 고통받고 있습니다. 특히 위도 15~30도 지역과 개발도상국은 강수량 부족 및 수질 오염으로 인해 식수 확보에 어려움을 겪고 있습니다. 이에 따라 PBL 과제로 다음을 수행하십시오.

'5만 원 이내의 비용으로 친환경적이고 효율적인 깨끗한 물을 만드는 장치를 개발하라.' 이 과제는 실용성, 비용, 환경성을 동시에 고려해야 하며, 식수 확보 효율이 핵심입니다.

[H2 대학] PBL 문제 2 – 중소기업 위기 극복 시나리오

화장품 회사 A사는 창업주 사망 이후 경영권 분쟁, 인력 이탈, 매출 하락 등으로 위기를 겪고 있습니다. 새로운 대표이사로 부임한 큰며느리는 OEM 계약을 통한 투자 유치에 성공하였으나, 인력 부족으로 추가 고용이 필요한 상황입니다.

현재 상황에서 발생하는 문제점과 향후 전개 양상을 분석하고, 회사를 회생시키기 위한 전략적 시나리오를 제시하십시오.

6) 문제 정의의 중요성

PBL 문제는 '일반적 문제(problem)'와 '해결해야 할 과제(mission)'의 복합적 의미를 지니며, 다음과 같은 방식으로 접근해야 합니다.

- 문제 상황을 자세히 분석하여 소단위 미션을 도출합니다.

  예 깨끗한 물 → 필터 설계, 열교환 시스템, 태양광 활용 등

  화장품 회사 → 연구개발, 생산 공정, 인력 관리 등
- 문제 정의 단계에서는 과학적 근거에 기반한 자료 수집 및 정리, 문제점 도출, 논리적 분류가 필요합니다.

이 단계의 결과로 도출된 명확한 문제 정의는 이후의 설계 방향을 결정짓는 중요한 기반이 됩니다.

3. 두 번째 문제 해결을 위한 자료 수집 단계

두 번째 단계는 문제 해결을 위한 자료 수집 단계로, 공학 프로젝트의 개념 설계(conceptualization)에 해당합니다. 이는 정의된 문제를 바탕으로 가능한 해결 방향을 구체화하는 과정으로, 문제의 개념화와 실현 가능성 평가(feasibility assessment)를 포함합니다.

이 단계에서는 문제 기술문, 목적 및 기능, 제한 조건, 사용자 요구사항 등을 바탕으로 개념적인 설계를 진행합니다. 이는 상상 속의 해결책을 시각화하고, 가능성을 탐색하며 아이디어를 구체화하는 과정입니다. 이를 위해 팀원들은 브레인스토밍, 창의적 사고기법, 유추, 벤치마킹, 역공학(reverse engineering) 등을 활용하여 설계 방향을 정립합니다. 이 과정에서 프로젝트가 예비 설계 단계로 진입할 수 있는지에 대한 판단도 함께 이루어집니다.

1) 브레인스토밍(Brainstorming)

브레인스토밍은 이미 앞선 강의에서 다루었으므로, 여기에서는 생략합니다.

2) 벤치마킹(Benchmarking)

벤치마킹은 다른 조직이나 제품의 강점을 분석하고, 이를 학습하여 자사에 적용하는 전략적 기법입니다. 단순한 복제가 아닌 합법적 비교·분석을 통해 개선 아이디어를 도출하는 데 목적이 있습니다.

벤치마킹의 유형은 다음과 같습니다.

- 내부 벤치마킹: 자사 내의 타 부서와 비교
- 경쟁자 벤치마킹: 경쟁사와의 비교
- 기능 벤치마킹: 업종을 불문하고 최우수 기업과의 비교
- 원천적 벤치마킹: 위의 모든 방식을 포괄하는 종합적 분석

'적을 알고 나를 알면 백전백승'이라는 전략적 사고와 맞닿아 있으며, 원래는 토목 분야에서 기준점을 의미하는 '벤치마크(benchmark)'라는 용어에서 유래하였습니다. 이

후 컴퓨터 성능 비교를 거쳐, 1982년 Xerox 사의 혁신 사례를 통해 경영 분야로 확장되었습니다. 특히 Xerox는 일본 Canon의 시스템을 분석해 품질과 생산, 디자인 등을 개선하며 벤치마킹의 대표적 성공 사례로 평가받습니다.

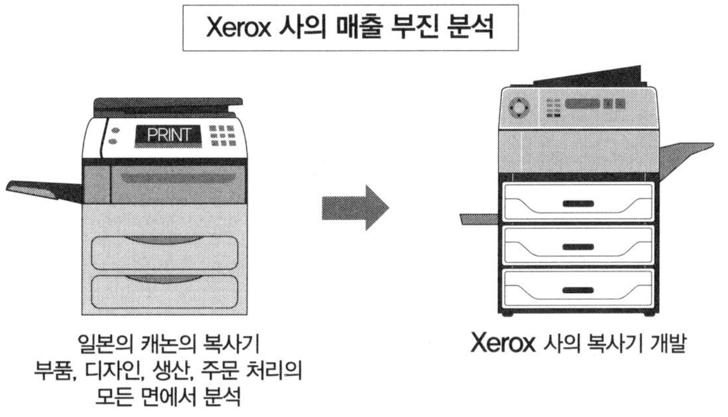

그림 12-1. Xerox 사의 캐논 벤치마킹

벤치마킹은 다음과 같은 단계로 수행됩니다.

1. 적용 분야 선정
2. 비교 대상 선정
3. 정보 수집
4. 성과 차이 분석
5. 결과 공유 및 공감대 형성
6. 혁신계획 수립
7. 실행 및 평가

성공적인 벤치마킹을 위해서는 적용 분야, 비교 대상, 성과 지표, 운영 프로세스에 대한 명확한 이해가 필요합니다.

3) 역공학(Reverse Engineering)

역공학은 완성된 시스템을 분석하여 원래의 설계나 구조를 파악하는 기술입니다.

하드웨어에서는 완제품을 분해하여 설계 사양을 도출하고, 소프트웨어에서는 시스템 유지보수를 위한 분석 수단으로 활용됩니다.

역공학은 다음과 같은 목적으로 사용됩니다.

- 기존 시스템의 구조 분석
- 구성 요소 및 상호 관계 파악
- 초기 설계 문서 재구성

이는 신제품을 거꾸로 해석하여 '어떻게 만들었는지'를 추론하는 과정이며, 소프트웨어에서는 유지보수, 재설계 또는 리팩토링의 기초로 활용됩니다.

4) 리엔지니어링(Re-engineering)

리엔지니어링은 기존 기업 구조와 프로세스를 근본적으로 재설계하여 성과를 극대화하는 경영혁신 방법입니다. 1990년 마이클 해머(Michael Hammer)가 제창한 개념으로, 단순한 인원 감축이나 부분 개선이 아닌, 기업 전략에 맞춘 전면적인 설계를 의미합니다.

리엔지니어링은 다음과 같은 특징을 갖습니다.

- 기존 업무 수행 방식과 조직 구조의 전면적 재설계
- 고객 중심의 구조로 업무 재편
- 인원 재배치, 권한 이양, 노동자 재교육 포함

예를 들어, 고객 신용 상태를 효율적으로 조회할 방법을 고민하기보다, "과연 반드시 신용 상태를 조회해야 하는가?"라는 본질적 질문부터 던지는 방식이 리엔지니어링의 접근입니다. 대표적 사례로는 크라이슬러, 제록스, 포드, 모토로라 등이 있습니다.

5) 트리거 워드(Trigger Word)

트리거 워드 기법은 "왜?"(Why?), "그런데?"(Then?) 등의 질문을 반복적으로 던지며 사고의 흐름을 유도하고, 문제의 본질에 접근하게 만드는 방법입니다. 마치 방아쇠를 당기듯 생각의 전환을 유도하여 창의적인 해법을 도출하는 데 유용합니다.

6) 형태분석 차트(Morphological Chart)

형태 분석법은 스위스의 과학자 프리츠 즈위키(Fritz Zwicky)가 고안한 창의적 문제 해결 기법입니다. 이는 복잡한 문제를 구성 요소로 나누고, 가능한 모든 조합을 체계적으로 분석하여 새로운 해결 방안을 도출합니다.

형태분석 차트는 다음과 같은 특성을 가집니다.

- 문제를 독립 변수의 조합으로 나누어 분석
- 각 독립 변수는 차트의 축이 되어 다양한 조합 탐색 가능
- 선입견을 줄이고 창의적 접근을 유도
- 체크리스트나 속성 열거법보다 복잡하고 개발 지향적인 문제에 적합

즈위키는 다음과 같은 이유로 이 기법을 제시했습니다.

1. 선입견과 평가의 영향을 최소화
2. 인간 사고의 오류를 극복
3. 복잡한 시스템의 상호작용을 명확히 시각화
4. 인간의 아이디어와 개념 간 관계를 명확히 이해

형태 분석법은 기계공학, 우주공학 등 다양한 공학 분야에서 창의적 아이디어를 구체화하는 데 유용한 도구입니다.

4. 세 번째 문제 재확인 및 문제 해결안 도출 단계

세 번째 단계인 문제 재확인 및 문제 해결안 도출은 공학 설계 과정에서 예비설계(Preliminary Design) 및 상세설계(Detailed Design) 단계에 해당합니다. 이 단계는 앞서 수행한 문제 개념화(Conceptualization) 및 가능성 평가(Feasibility Assessment)를 바탕으로 다양한 설계 대안을 구체화하고, 최종 해결안을 도출하는 과정입니다.

1) 예비설계: 다양한 설계안의 탐색과 평가

예비설계는 설계 개념과 실제 구현 사이의 차이를 파악하고, 전체적인 미션에 대한 구조를 구상하는 단계입니다. 이 과정에서는 다양한 설계안을 제시하고 비교함으로써 최종안을 선택할 수 있도록 기반을 마련합니다. 구체적으로는 다음과 같은 작업이 수행됩니다.

- 개념 설계 모형의 분석 및 시험
- 시제품 혹은 컴퓨터 기반 시뮬레이션을 통한 가능성 검토
- 목적 나무, 쌍대 비교표 등의 도구를 활용한 아이디어 평가
- 실험계획법(DOE)을 통한 인자 분석 및 최적 조건 도출
- 설계안의 성능 검증을 위한 측정 기준 수립 및 실험 설계

2) 시뮬레이션(Simulation)의 활용

시뮬레이션은 복잡한 시스템의 동작을 모델을 통해 가상으로 구현하고, 이를 수치상으로 반복 연산하여 성능이나 특성을 분석하는 기법입니다. 대표적인 방법의 하나인 몬테카를로(Monte Carlo) 시뮬레이션은 난수를 활용하여 확률적인 시스템의 동작을 근사적으로 해석하는 데 사용됩니다. 이러한 방법은 생물학, 사회과학, 물리학 등 다양한 분야에서 복잡한 시스템의 예측 및 검증에 활용되고 있습니다.

3) 실험계획법(DOE, Design of Experiment)의 적용

실험계획법은 여러 인자가 실험 결과에 미치는 영향을 체계적으로 분석하기 위한 통계적 방법입니다. 예를 들어, 커피믹스의 맛을 최적화하는 실험을 설계할 때 다음과 같은 인자들이 고려될 수 있습니다.

- 인자(Factor): 커피양, 설탕량, 크림량
- 수준(Level): 각 인자의 실험 범위(예 커피(3g, 5g), 설탕(0g, 5g), 크림(0g, 3g))
- 반응 값(Response): 설문을 통한 맛의 평가 결과

3개 인자 각각 2수준으로 실험을 설계하면 2^3, 즉 8개의 실험 조합이 필요하며, 이

를 통해 가장 만족스러운 맛의 조건을 찾아낼 수 있습니다.

4) 상세설계: 최종안의 정제 및 구체화

예비설계를 통해 선정된 유망한 설계 대안은 상세설계를 통해 현실적인 구현 수준으로 발전됩니다. 이 과정에서 다음과 같은 활동이 이루어집니다.

- 최종 설계의 정제, 구체화 및 최적화
- 설계안에 대한 시험 및 평가
- 제약조건 및 관련 법규 검토
- 최종 제조 명세 및 사용자 요구사항 반영
- 유용한 도구의 활용: CAD, 공식 설계 검토, 공청회, 베타 테스트 등

5) CAD의 활용

CAD(Computer-Aided Design)는 컴퓨터를 이용해 설계 도면을 작성하고 시각화하는 도구로, 기계, 전자, 건축 등 거의 모든 분야의 설계에서 활용됩니다. CAD 기술은 초기 2D 선형 표현에서 시작하여, 현재는 3D 설계, 표면 해석, 시뮬레이션까지 가능하게 진화하였습니다. CAD로 작성한 설계 정보를 가공 시스템과 연계하여 자동화된 제조로 연결하는 기술은 CAM(Computer-Aided Manufacturing)이라고 하며, 현대 설계 및 생산 시스템의 핵심입니다.

6) 기타 설계 도구 및 기법

상세설계 단계에서는 다음과 같은 분석 및 설계 기법들이 자주 활용됩니다.

① **기능 분석**(Functional Analysis): 설계 대상이 수행해야 할 기능을 명확히 규명하고, 전체 기능을 하위 기능으로 분해하여 자재, 에너지, 신호의 흐름을 추적합니다. 일반적으로 블랙박스 모델을 활용합니다.

② **성능 명세 방법**(Performance-Specification Method): 설계 목표를 더 명확하게 정의하고, 해결 방안에 독립적인 성능 요건을 목록화합니다.

③ **형태 도표**(Morphological Chart): 주어진 기능을 달성하기 위한 다양한 방법이나 수

단을 도출하고 조합하여 설계 대안을 도출합니다. 이는 '설계 공간'을 시각화하는 도구입니다.

④ **품질기능전개**(QFD, Quality Function Deployment): 고객 요구사항을 정량적으로 분석하고, 제품의 기능적 특성과 연결하는 매트릭스를 통해 설계의 우선순위를 도출합니다.

이와 같은 체계적인 접근을 통해, 문제 재확인과 해결안 도출 단계에서는 단순한 아이디어 수준에서 출발한 설계가 점차 실제 구현이 가능한 형태로 정제되고, 최종적인 제품 또는 공정으로 구체화됩니다.

5. 네 번째 문제 해결안 발표 및 학습 결과 정리·평가 단계

네 번째 단계는 문제 해결안을 발표하고 학습 결과를 정리·평가하는 단계로, 공학 프로젝트 설계의 설계 의사소통(Design Communication) 단계에 해당합니다. 이 단계는 제품생산 및 도구 설계 결과물을 기반으로 한 문서화 활동이 중심이 되며, 설계 결과를 고객이나 사용자에게 전달하고 피드백을 수용하는 과정이 포함됩니다.

이 단계에서 수행되는 주요 활동은 다음과 같습니다.

- 최종 보고서 작성 및 발표: 문제 해결 과정과 설계 결과를 체계적으로 정리하여 문서화하고 발표합니다. 이는 고객이나 사용자에게 설계 의도를 명확히 전달하고 피드백을 받는 데 중요합니다.
- 제조명세서 작성: 제작을 위한 구체적인 지침을 포함한 문서로, 설계가 실제 구현 가능한 수준으로 구체화되어야 합니다.
- 설계 문서화: 도면, 도구 설계, 시방서 등 최종 산출물을 체계적으로 정리합니다.
- 피드백 및 설계 반복(Iteration): 고객이나 사용자로부터 피드백을 수렴하고, 이를 바탕으로 설계를 보완하거나 반복합니다.

- 검증(Verification): 산출물이 주어진 요구사항과 명세를 만족하는지 확인합니다. 이는 사전에 계획한 시험 절차를 바탕으로 진행됩니다.
- 확인(Validation): 최종 설계안이 실제 사용자 요구를 충족하는지를 평가하는 단계로, 사용자 피드백을 통해 이루어집니다.

이와 함께, 학습자는 자기 평가와 동료 평가를 통해 학습 과정을 성찰합니다. 평가는 다음 세 가지 측면에서 이루어집니다.

1. 문제해결자로서의 능력
2. 자기 주도 학습자가 지녀야 할 능력
3. 팀 구성원으로서의 협업 능력

학습자들은 자신에 대한 평가뿐만 아니라 팀원들에 대한 평가도 함께 수행하며, 이를 통해 상호 피드백을 주고받고, 비판과 격려를 통해 학습 효과를 강화합니다. 이러한 평가 결과는 과제 보고서와 함께 제출됩니다.

PBL 방식의 학습 효과와 의의

문제 기반 학습(PBL) 방식은 학습자에게 자율성, 자기 성찰력, 자신감, 문제 해결 능력, 협동학습 기술, 전문지식 습득 등의 측면에서 유의미한 학습 효과를 가져다줍니다. 특히 학습자가 설계 전 과정을 주도하고 책임지는 구조 속에서, 기존의 수동적 학습 방식과는 차별화된 경험을 제공합니다.

물론 PBL의 초기 단계에서는 학습 내용뿐 아니라 학습 방법 자체에 대해 혼란이나 불안을 경험할 수 있습니다. 하지만 이러한 혼란은 새로운 방식에 대한 적응 과정의 일부이며, 시간이 지나면서 자연스럽게 해소됩니다. 특히 학습 방법에 대한 혼란은 낯선 학습 환경에서 비롯된 것이고, 내용에 대한 혼란은 PBL이 의도한 '인지적 갈등'을 통한 학습 유도의 결과로, 오히려 학습을 촉진하는 긍정적인 신호로 볼 수 있습니다.

결론적으로, PBL 방식은 공학 설계 교육에 매우 적합한 접근 방식입니다. 학습자가 문제를 스스로 구체화하고 입체적으로 탐색하는 과정에서 자기 주도적인 학습 능력이 향상되며, 실용적이고 유용한 설계 프로세스를 경험할 수 있습니다.

연습문제

1 객관식 다음 중 벤치마킹에 해당하지 않는 것은? (　　)

① 자사 내에서 생산성이 우수한 타 부서의 강점 비교
② 경쟁사의 우수한 특허 분석과 복제
③ 경쟁사 제품의 품질과 생산을 분석하여 시스템 도입
④ 경쟁사 디자인을 참고하여 아이디어 도출

2 OX문제 벤치마킹은 타사의 제품을 몰래 복제하거나 특허를 침해하는 범죄 행위이다. (　　)

3 주관식 컴퓨터를 사용하여 그래픽 자료를 만들거나 창작하는 작업 일체를 의미하는 용어로 무엇이 있는가?

(　　　　　　　　　　　　　　　　　　　　　　　　　　　　)

13장

아두이노 기반 설계과제 실습

1. 공학 설계에서의 아두이노 활용
2. 스마트홈 시스템(Smart Home System)의 이해
3. 아두이노 활용법
4. 설계과제 실습 사례
5. 종합 정리

1. 공학 설계에서의 아두이노 활용

최근 몇 년간 본 교과목에서는 공학 설계 프로세스를 기반으로 팀 프로젝트를 수행해 왔습니다. 예를 들어, '아두이노를 활용하여 가을에 어울리는 제품 개발'이라는 주제를 바탕으로 제한된 예산(팀당 10만 원 이내)과 제한된 시간(4주 이내) 안에 설계를 완성하는 프로젝트가 진행되었습니다. 이 설계 프로젝트는 아두이노를 활용하여 설계품의 기능적 완성도를 높이고, 팀워크를 통해 실현할 수 있는 프로토타입을 제작하는 것을 목표로 하였습니다.

우리는 앞서 공학이란 인간의 삶의 질을 향상하기 위해 편리성, 안전성, 효율성, 경제성 등을 개선하는 활동이라는 점을 배운 바 있습니다. 특히 공학 설계란 새로운 시스템이나 장치를 개발하거나 기존의 문제를 창의적으로 개선하는 활동입니다. ABEEK(한국공학교육인증원)에서 제시한 창의적 공학 설계 프로세스는 다음과 같은 단계로 구성됩니다.

- 문제 정의
- 설계(개념 설계 → 예비설계 → 상세설계)
- 제작
- 시험 및 평가
- 보고 및 의사소통

아두이노를 활용한 설계 과제 역시 이와 같은 절차에 따라 진행되며, 실제 문제 해결 능력과 창의적 설계 역량을 함께 키우는 데 초점이 맞춰집니다.

1) 아두이노란 무엇인가?

아두이노는 오픈소스 하드웨어 플랫폼으로, 다양한 센서와 기기를 손쉽게 제어할 수 있도록 설계된 소형 마이크로컨트롤러 보드입니다. 하드웨어와 소프트웨어가 모두 공개되어 있으며, 초보자도 쉽게 접근할 수 있도록 프로세싱(Processing) 언어 기반으로 구성된 IDE(통합 개발 환경)를 제공합니다.

아두이노 보드는 보통 AVR 마이크로컨트롤러를 탑재하며, USB를 통해 컴퓨터와 연결하여 간단한 코드(스케치)를 업로드함으로써 센서, 액추에이터, 디스플레이 장치 등을 제어할 수 있습니다. 대표적인 아두이노 보드로는 Uno, Nano, Mega 등이 있으며, 이들은 프로젝트의 목적과 규모에 따라 선택됩니다.

- 아두이노의 동작 원리: 센싱 → 프로세싱 → 액션

아두이노는 외부 정보를 수집(센싱)하고, 이를 내장된 마이크로프로세서가 분석(프로세싱)하여 특정 동작(액션)을 수행하게 합니다. 예를 들어, 다음과 같은 스마트 제어 시스템을 생각해 볼 수 있습니다.

- 실내 온도가 28℃를 초과하면 자동으로 창문을 닫고 에어컨을 작동
- 미세먼지 농도가 일정 기준을 초과하면 자동으로 공기청정기를 작동
- 조도 센서를 활용하여 밤이 되면 자동으로 조명을 켜는 시스템

이러한 기능은 각각의 센서가 데이터를 수집하고, 그 데이터를 기반으로 프로그램이 사전에 정의한 로직에 따라 모터, 릴레이, 팬 등의 장치를 작동시키는 방식으로 구현됩니다.

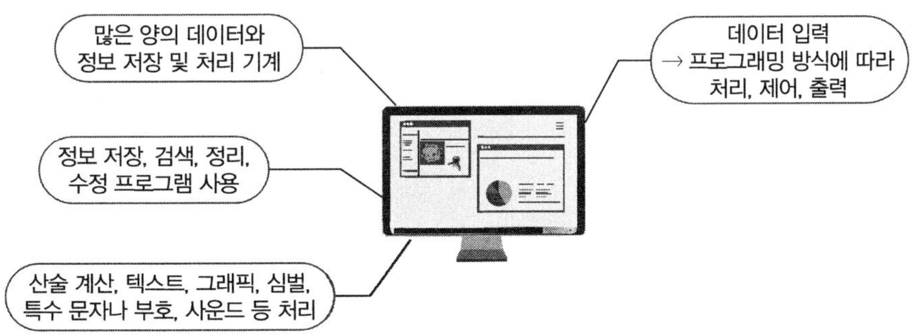

그림 13-1. 아두이노

2) 활용할 수 있는 센서 및 액추에이터

아두이노 플랫폼은 다양한 센서 및 출력 장치와 호환됩니다. 주요 예시는 다음과 같습니다.

센서	기능
조도 센서	밝기 감지
온습도 센서	온도 및 습도 측정
공기질 센서	미세먼지, VOC 측정
PIR 센서	인체 감지
가변저항기	아날로그 입력값 조정

출력 장치	기능
서보모터	회전 제어
릴레이 모듈	전기 장치 제어
LCD 디스플레이	데이터 출력
RGB LED	색 표현 및 신호 출력
부저	알람음 출력

또한, 블루투스 모듈 또는 Wi-Fi 모듈을 연결하면 무선 제어도 가능하며, 스마트폰 앱을 이용한 원격 제어 시스템도 구축할 수 있습니다.

3) 아두이노의 교육적 가치

아두이노는 공학 설계 교육에서 학생들이 문제를 인식하고, 이를 센서와 제어 로직으로 구조화하여 해결책을 설계하는 실습 도구로 매우 유용합니다. 특히, 실생활 문제를 모델링하고 이를 간단한 논리로 구현함으로써, 센서 기반 설계의 사고(思考), 프로그래밍 능력, 팀 기반 문제 해결력 등을 종합적으로 배양할 수 있습니다.

2. 스마트홈 시스템(Smart Home System)의 이해

스마트홈(Smart Home)이란 주거 공간 내 다양한 전자기기와 시스템이 인터넷 또는 로컬 네트워크를 통해 연결되어 사용자에게 자동화, 편의성, 에너지 효율성, 보안성을 제공하는 시스템을 말합니다.

1) 사물인터넷(IoT)과 스마트홈

스마트홈의 핵심 기술은 사물인터넷(IoT, Internet of Things)입니다. 이는 '사물'이 인터넷에 연결되어 서로 통신하고 데이터를 주고받으며, 사용자의 명령 없이도 스스로 판단하여 동작할 수 있는 기술입니다. 스마트홈 IoT에서는 다음과 같은 기기들이 연결되어 작동합니다.

- 에어컨, 조명, 냉장고, 도어락, CCTV, 커튼, 보일러, 가스밸브 등

이러한 시스템은 스마트폰이나 음성 명령을 통해 제어할 수 있으며, 외부에서도 클라우드 기반 앱으로 접근하여 상태 확인 및 제어가 가능합니다.

2) 스마트홈의 발전 단계

스마트홈 시스템은 다음과 같은 발전 단계를 거쳐왔습니다.

- 1세대(1980년대): 단일 기기 제어 중심(예 온도조절기, 인터폰)
- 2세대(2000년대): 홈네트워크 기반, 기기 간 정보 공유 가능
- 3세대(2010년대 이후): IoT 및 클라우드 기반, 스마트폰 연동, AI 제어 기능 포함

현재의 스마트홈은 아두이노와 같은 소형 제어 시스템과 다양한 센서 모듈을 이용하여 DIY 형태로도 구축할 수 있으며, 교육용 실습에도 매우 적합한 주제로 자리 잡고 있습니다.

3) 스마트홈과 공학 설계

스마트홈은 단순한 자동화의 구현을 넘어, 공학 설계 교육의 중요한 실습 사례가 될 수 있습니다. 실내 환경 제어, 에너지 절감, 사용자 맞춤형 시스템 설계 등은 학생들이 직접 문제를 정의하고 설계, 구현해 볼 수 있는 실제적 프로젝트 주제를 제공합니다.

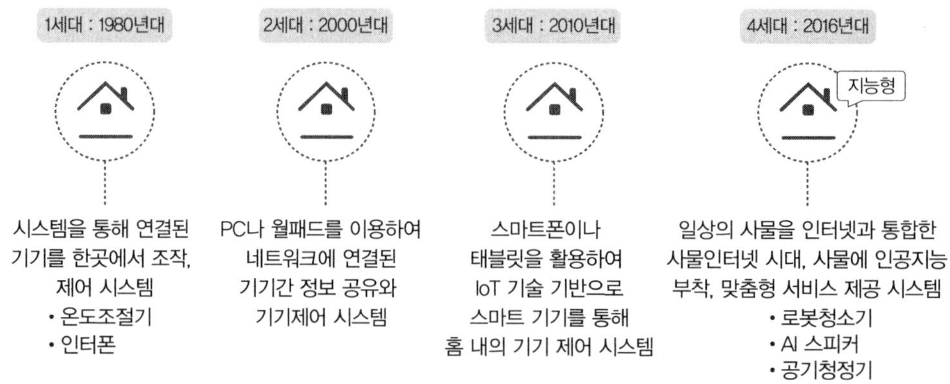

그림 13-2. 스마트홈 발전 단계

3. 아두이노 활용법

아두이노는 전자공학에 대한 사전 지식이 부족하더라도 누구나 쉽게 하드웨어를 제어하고 다양한 프로젝트를 구현할 수 있는 마이크로컨트롤러 보드입니다. 이 장에서는 아두이노의 기본 사용법을 소개하고, 설계 프로젝트에 바로 활용할 수 있는 실습 팁을 제공합니다.

1) 아두이노 개발 환경 설치

아두이노를 사용하기 위해서는 먼저 컴퓨터에 아두이노 통합 개발 환경(Arduino IDE)을 설치해야 합니다.

① 아두이노 공식 홈페이지(https://www.arduino.cc)에 접속

② 운영체제(Windows, Mac, Linux)에 맞는 IDE 다운로드

③ 설치 후 실행

Arduino IDE는 코드를 작성하고, 아두이노 보드에 업로드하며, 직렬 포트를 통해 데이터를 확인할 수 있는 기능을 제공합니다.

2) 기본 구성 요소

아두이노 Uno 보드를 예로 들면 다음과 같은 주요 구성 요소가 있습니다.

- 디지털 핀(0~13번): 입력/출력 모두 가능
- 아날로그 핀(A0~A5): 0~1023의 아날로그 신호 입력 가능
- GND: 접지
- 5V / 3.3V 출력 핀: 센서 및 모듈에 전원 공급
- USB 포트: 컴퓨터와 연결하여 코드 업로드 및 통신
- 리셋 버튼: 보드를 초기화

아두이노는 하드웨어와 소프트웨어가 통합되어 있기 때문에, 간단한 코드로도 센서 및 액추에이터를 제어할 수 있습니다.

3) 아두이노 코드 구조

아두이노의 코드는 크게 두 부분으로 구성됩니다.

```
void setup() {
  // 초기 설정: 한 번만 실행
}

void loop() {
  // 메인 동작: 반복 실행
}
```

예를 들어, 13번 핀에 연결된 LED를 깜빡이게 만드는 코드는 다음과 같습니다.

```
void setup() {
  pinMode(13, OUTPUT); // 13번 핀을 출력으로 설정
}

void loop() {
  digitalWrite(13, HIGH); // LED ON
  delay(1000);            // 1초 대기
  digitalWrite(13, LOW);  // LED OFF
  delay(1000);            // 1초 대기
}
```

4) 주요 함수 설명

함수	설명
pinMode(pin, mode)	핀을 입력(INPUT) 또는 출력(OUTPUT)으로 설정
digitalWrite(pin, value)	디지털 핀에 HIGH(5V) 또는 LOW(0V) 출력
digitalRead(pin)	디지털 핀의 입력값 읽기(HIGH 또는 LOW 반환)
analogRead(pin)	아날로그 핀의 입력값(0~1023) 읽기
analogWrite(pin, value)	PWM 제어(0~255의 값으로 출력 제어)
delay(ms)	주어진 시간(ms)만큼 대기

5) 회로 연결 실습 예시

아두이노를 사용하기 위해서는 센서나 출력 장치와의 물리적 연결이 필요합니다. 기본적인 연결은 다음과 같습니다.

예시 조도 센서를 활용한 LED 제어 회로

- 조도 센서 → A0 아날로그 입력 핀
- LED → 디지털 출력 핀(예 9번)
- 공통 GND 연결
- 외부 전원은 5V 핀 사용

회로를 구성한 후, A0에서 입력되는 조도 값을 기준으로 LED 밝기를 조절하는 코드를 작성할 수 있습니다. 이 과정을 통해 센싱 → 프로세싱 → 액션의 흐름을 체험할 수 있습니다.

6) 센서 모듈 및 출력 장치 활용 팁

- 조도 센서: 밝기에 따라 자동 조명 제어 가능
- 온습도 센서(DHT11, DHT22): 실내 환경 모니터링 시스템 구현
- PIR 센서: 움직임 감지를 통한 경보 시스템 구축
- 서보 모터: 창문 자동 개폐, 물건 회전 제어
- LCD 디스플레이: 센서값을 시각적으로 출력

센서와 액추에이터는 보통 3개의 핀(GND, VCC, SIGNAL)을 가지고 있으며, 아두이노 보드에 직접 연결하거나 브레드보드를 통해 연결할 수 있습니다.

7) 오류 해결 및 디버깅 팁

- 컴파일 오류: 코드 오탈자, 괄호 누락 등 IDE에서 확인 가능
- 포트 연결 오류: [도구] 메뉴에서 보드 및 포트 재확인
- 센서 미작동: GND 및 VCC 연결 상태 재확인
- 시리얼 모니터 활용: Serial.begin(9600)으로 디버깅 메시지 확인

8) 스마트 제어 프로젝트 예시

프로젝트 주제	활용 센서 및 모듈
자동 화분 급수기	토양 습도 센서 + 워터 펌프
자동 커튼 제어	조도 센서 + 서보 모터
스마트 온도 제어기	DHT 센서 + 팬 모듈
간단한 보안 시스템	PIR 센서 + 부저 + LED
실시간 미세먼지 알리미	미세먼지 센서 + LCD

이러한 예시는 팀 프로젝트 설계 시 아이디어 도출에 활용할 수 있습니다. 프로젝트는 센서 데이터를 기반으로 동작하는 제어 알고리즘을 수립하고, 코드와 회로를 통해 실현할 수 있는 형태로 구체화해야 합니다.

4. 설계과제 실습 사례

본 절에서는 '아두이노를 활용하여 가을에 어울리는 상품 개발하기'라는 주제로 진행된 팀 프로젝트 사례를 소개합니다. 이 프로젝트는 공학 설계 입문 수업의 팀 기반 실습 프로젝트로, 제한 조건은 다음과 같습니다.

- 아두이노를 필수적으로 활용할 것
- 팀당 인원은 5명 내외
- 예산은 팀당 10만 원 이내
- 기획부터 프로토타입 제작까지 4주 이내 완료

학생들은 팀별로 아이디어를 제안하고, 브레인스토밍 및 역할 분담을 통해 설계 및 제작을 진행하였습니다. 아래에 대표적인 사례를 정리하였습니다.

사례 1 스마트 창문 제어 시스템

- 주제: 온도, 햇빛, 빗물을 감지하여 창문과 블라인드를 자동 제어하는 시스템 개발
- 활용 센서: 조도 센서, 빗물 감지 센서, 온·습도 센서
- 활용 부품: 아두이노 우노, 모터 드라이버, 감속 DC 기어드 모터, DC 웜 기어드 모터, 브레드보드, 저항, 점퍼선 등
- 제작 과정
  - 팀 브레인스토밍을 통해 주제 선정
  - 회로 구성 및 창문/블라인드 구조물 제작

- 아두이노 IDE를 활용한 코딩 및 센서 연결
- 테스트 및 개선
- 성과
  - 조도와 온도에 따라 블라인드 개폐 및 창문 작동 가능
  - 비 감지 시 자동 창문 닫힘 기능 구현
- 보완 제안: 스마트폰 연동, 시간 기반 제어 추가 검토

사례 2 가습기 + 무드등 복합 시스템

- 주제: 감성 조명과 실내 습도 개선을 위한 복합 기능 제품 개발
- 활용 도구: 아두이노, 스크래치X 프로그램
- 제작 과정
  - 역할 분담 및 제품 디자인 선정
  - 20여 개 부품 구매 및 회로 설계
  - 무드등과 초음파 가습기 회로 통합
- 성과
  - 동시 작동이 가능한 감성형 가을 인테리어 소품 제작
  - 동영상으로 제작 전 과정을 보고

사례 3 자동 난방 제어 시스템

- 주제: 실내 온도에 따라 자동으로 난방 기기를 제어하는 장치 개발
- 기능: 18℃ 이하 시 난방기 ON, 25℃ 이상 시 OFF
- 활동 특이점
  - 팀 회의 시마다 회의록 작성
  - 코로나19 상황에서도 Zoom을 활용한 원격 협업 적극 추진

사례 4 정전기 제거 의무화 주유 건

- 주제: 주유소 화재 위험 예방을 위한 정전기 제거 시스템 제안
- 배경: 건조한 계절 특성과 관련된 사회적 이슈(정전기 화재 기사)에서 착안

- 성과
  - 브레인스토밍 기법을 설계에 적용하여 현실적인 문제에 대한 해법 제시
  - 화재 예방에 대한 인식 제고

사례 5 인체 감지 자동 장판 제어

- 주제: 무게 및 온도 기반 장판 제어 시스템 개발
- 기능
  - 인체 감지 시 작동 시작
  - 50℃ 이상 시 작동 중지, 40℃ 이하 시 재작동
- 특이점: 코드에 상세 주석을 달아 구조 및 작동 방식 설명

사례 6 아두이노 기반 화재경보기

- 주제: 가을철 화재 예방을 위한 불꽃 감지 화재경보기 개발
- 활용 센서 및 부품: 불꽃 감지 센서, 피에조 버저, LED, 아두이노 MEGA 2560
- 성과: 불꽃 감지 시 경고음 발생 및 LED 점등 작동 확인

5. 종합 정리

이번 프로젝트는 공학적 문제 해결을 위한 창의적 사고력과 팀워크 능력을 기르기 위한 목적으로 진행되었습니다. 특히, 화학공학과 1학년 학생들이 아두이노를 활용하여 실생활의 문제를 기술적으로 접근하고, 마이크로프로세서를 통한 문제 해결 경험을 쌓는 데 의미가 있습니다.

본 수업에서는 코딩 실력 자체를 평가 대상으로 삼기보다는, 아이디어의 창의성, 구현 과정의 팀워크, 문제 해결 태도를 중점적으로 평가하였습니다.

학생들은 타 팀의 작품을 서로 평가하며 종합적인 우수작을 선정하였고, 다음은 팀플레이 평가에 활용된 평가표입니다.

‘창의 공학 설계 입문’ 설계 과제 평가표

주제: 아두이노를 이용하여 가을에 어울리는 상품 만들기

채점자 성명: 채점자 학번: 채점자 소속(조): 조

채점방법(기준)

- 자신이 소속한 조를 제외한 나머지 조의 평가
- 최고: 10점, 상: 8점, 중: 6점, 하: 4점, 최하: 2점
- 개선 사항이나 건의 사항에 팀 활동에 적극적으로 이바지한 사람이나 사례(사연) 또는 팀 플레이에서 발견된 문제점 적시하기 바람

평가항목	평가 내용	1조	2조	3조	4조	5조	6조	7조	8조
창의성	문제 설정과 해결 방안이 창의적으로 제안되었는가?								
공학 문제 해결의 완성도	문제 해결 완성도의 수준을 평가하여라								
기술 구현력	아두이노와 센서를 효과적으로 활용하여 기능이 구현되었는가?								
디자인 완성도	외형과 사용성 측면에서 완성도가 높은가?								
실용성 및 적용성	제품이 실생활에 활용될 수 있는 가능성이 있는가?								
협업 및 역할 분담	팀원 간 협업이 원활하고 역할이 고르게 분배되었는가?								
개선 및 피드백	한계점에 대한 인식과 향후 개선 방향을 고려하였는가?								
설계 제한요인 준수	설계 제한요인 인식 및 준수								
종합 의견	팀의 전반적인 노력과 결과물에 대한 총평								
설계 과정 준수	의사소통 과정과 합의 과정에 대한 회의록								
발표 및 전달력	팀 발표가 명확하고 논리적으로 전달되었는가?								
Presentation 자료 준비	발표 자료의 가독성								
개선 사항이나 건의 사항									

연습문제

1 **객관식** 아두이노에 대한 설명으로 잘못된 것은 무엇인가? (　　)

① 오픈소스 컴퓨팅 플랫폼이다.

② 아두이노에서는 입력데이터를 프로그래밍 된 방식에 따라 아두이노 마이크로 프로세스가 원하는 방식으로 진행되도록 처리한다.

③ 컴퓨터에 아두이노 개발 프로그램 IDE를 설치하여 통합개발환경으로 손쉽게 프로세싱한다.

④ 주요 프로그래밍 언어로 파이썬을 사용한다.

2 **OX 문제** 아두이노는 센싱→ 프로세싱 → 처리의 방식으로 우리가 일상에서 느끼는 불편함을 컴퓨터로 입력하여 해결 방안을 실행하도록 하는 마이크로 컴퓨터 프로세서이다. (　　)

3 **단답형** 인간이 오감을 통해 불편함이나 모순을 감지하는 것을 아두이노에서는 무엇을 통해 문제를 인식하는가?

(　　　　　　　　　　　　　　　　　　　　　　　　　　　　　　)

참고문헌

1. https://ko.wikipedia.org/wiki/아두이노.
2. 김은경, 창의적 공학 설계, 한빛 아카데미, 2013.
3. 노승완, 창의적 공학 설계, 한빛 아카데미, 2014.
4. 이영건, 이상현, 김종범, 김송현, 유승훈, J. of Eng. Edu. Res., 24,(5), 38, 2021.
5. http://www.abeek.or.kr/
6. JAYBENNETT, Popular Mechanics (미국 기술전문 매거진), MAR 25, 2022.
7. 오늘의 한줄명언, 이투데이, 2014-04-09, https://www.etoday.co.kr/news/view/898145
8. 재러드 다이아몬드, 김진준 옮김, 총,균,쇠, 문학사상, 2012.
9. Daniel S. Weld, An Introduction to least commitment planning, AI Magazine, 15(4), 27, 1994.
10. https://www.youtube.com/watch?v=u0fr_Lk3hXE
11. https://www.thinkherrmann.com/whole-brain-thinking
12. https://www.16personalities.com/ko/
13. Patrick Lencioni, Overcoming the five dysfunctions of a team, Jossey-Bass, A Wiley Imprint, 2005. (www.josseybass.com)
14. Korn ferry, Driving team effectiveness, KORN FERRY Institute, 2016.
15. 강석규, 성공의 습관, 국민일보, 2009년.
16. 브레네 브라운, 나는 불완전한 나를 사랑한다, (서현정 옮김), 가나출판사, 2019년.
17. 너데니얼 브랜든, 자존감의 여섯 기둥, (옮긴이 김세진), 교양인, 2015년
18. '주·월·년' 등 '시간' 개념 없는 아마존 부족 화제, 서울신문, 2011.05.24.
19. 말콤페인, 현대사회복지실천이론, 다남출판사, 2001.
20. https://ko.wikipedia.org/wiki/자아존중감
21. 스티븐 로빈스, 사람 경영, 시네마북스, 2016.
22. 유영만, 박용후, 언어를 디자인하라, 쌤 앤 파커스, 2022
23. 서동일 기자, 경청과 목계를 잊지말라, 동아일보, 2020-10-27 03:00 https://www.donga.com/news/Economy/article/all/20201027/103643620/
24. 김은영 객원기자, 과학기술, 2020.10.12. 07:35. https://www.sciencetimes.co.kr/news
25. Angela duckworth, https://www.youtube.com/watch?v=H14bBuluwB8, Grit: the power of passion and perseverance
25. 김창옥 강연, https://www.youtube.com/watch?v=s96YE1m_lAo
27. https://en.wikipedia.org/wiki/Martin_Luther_King_Jr.
28. 정주영 명예회장님의 자서전
29. 이승환 콘서트, 6월 15일 서울 고려대학교 화정체육관에서 진행된 〈라스트 빠데이-괴물〉 스포츠경향, 2019. 6. 17, 이다원 기자
30. 부산해사고등학교 총동창회 자유게시판, 2015-12-31. http://www.mths.or.kr/html/board/
31. 속 협상의 비결, 조경근역, R. FISHER, W. URY 공저, 한국생산성본부
32. https://namu.wiki/w/서희
33. [기고문] 1000년 전 서희 외교에서 배운다, 장철균 주스위스대사, 2009.1.7.(수), 중앙일보
34. 김준태의 세기의 담판(4) 서희, 협상의 정석, 월간중앙 1495호 (2019. 08. 05).
35. 서울 사회적경제 아카데미 2016 (한양대학교), CSR론 교안, 서울특별시 사회적경제지원센터, 2016.

36. 김명서, 라운드 테이블, CSR 모형의 비교, 63, 한국기업지배구조원
37. ESG A to Z, 대한상공회의소.
38. 기업가정신, 실리콘밸리에서 답을 찾다. 양태용외 지음, 메디치, 2016.
39. 김진철, 김진철의 How-to-Big Data/CPS와 ESG 경영, CIOKR, 2021. https://www.ciokorea.com/news
40. 이준희, Deloitte Insights, 한국기업들의 ESG 경영을 위한 변화, 26, 2020. https://www.jipyong.com/a/kr_insights_ESG-03.pdf
41. Beghetto, Ronald A., James C. Kaufman, 이경화 외 9인 번역, 교실에서의 창의성 교육, 학지사, 2014.
42. 김미숙 외 6인, 창의역량 측정지표 및 도구개발 연구, 한국교육개발원.
43. 신현용, 김원경, 신인선, 한인기, J. Korea Soc. Math. Ed. Ser. E., 10(1), 325, 2000.
44. Torrance, E. P., Predictive Validity of the Torrance Tests of Creative Thinking, Journal of Creative Behavior, 6, 236, 1972.
45. https://ko.wikipedia.org/wiki/TRIZ.
46. 김태운, J. of Emg. Edu. Res., 16(3), 30 (2015).
47. 고경래, raynet@shinhan.com, 신한 FSB 리뷰-블루오션, pp. 36-39.
48. 김태영, 김중현, 박영택, J. Korean Soc. Qual. Manag, 46(2) 259 (2018).
49. 강병선, 창의적 아이디어 발상을 위한 TRIZ 기법, 2013.
50. B. B. Levin, K. Hibbard,and T. T. Rock, Using problem-based learning as a tool for learning to teach students with special needs. Teacher Education and Special Education, 25 (3) 278-290, 2002.
51. https://ko.wikipedia.org/wiki/근접 영역발달.
52. D. M. Fetner, The Learning Assistance Review, Valkenburg J., 15(2), 33-41, 2010.
53. E. M. Bridges, and P. Hallinger, J. of Cases in Edu. Leadership,
THE USE OF CASES IN PROBLEM BASED LEARNING,2(2), 1, 1999.
54. Barrows HS, Norman GR, Neufeld VR, Feightner JW. 일반 의료 행위에서 무작위로 선택된 의사의 임상 추론. 임상 및 조사 의학 (1982); 5:49-55.
55. 강인애, PBL의 이론과 실제, 문음사출판.
56. 김문수, J. of Eng. Edu. Res., 18(2), 65, 2015.
57. B.J. Duch, S. E. Groh, and D. E. Allen, The power of problem based learning, Sterling, Virginia: Stylus, 2001.
58. PBL 수업 가이드북, 조선대학교 교수학습센터.
59. PBL 프로그램, 세종대학교 창의교육개발원.
60. 장용철, 김건국, 김민철, J. of Eng. Edu. Res., 16,(2), 78, 2013.
61. 박경진, 기계공학입문설계, 한양대학교 ERICA IC-PBL센터, 2019.

창의 공학 설계 입문

저 자	박승규
발 행 인	김지영
발 행 처	자유아카데미
주 소	경기도 파주시 회동길 37-42 파주출판도시
전 화	031-955-1321
팩 스	031-955-1322
홈페이지	www.freeaca.com
전자우편	main@freeaca.com(대표) editor@freeaca.com(편집) crm@freeaca.com(영업)
등 록	제406-2003-017호, 1980. 7. 12
제1판1쇄	2025년 8월 10일 발행

저자와의
협의하에
인지생략

ISBN 979-11-5808-740-1 93500